U0266459

准噶尔盆地西北缘哈山地区
火山岩储层裂缝发育期次及成因机制

袁海锋　徐国盛　梁家驹
赵永福　刘　勇　徐昉昊　著

科学出版社
北　京

内 容 简 介

本书运用地质、地球物理和地球化学相结合的方法对准噶尔盆地西北缘哈山构造石炭系、二叠系裂缝发育特征进行分析，以揭示裂缝中矿物的充填期次及流体源；以区内构造演化过程为主线，分析裂缝发育的时期和控制因素，探讨有效裂缝的分布和油气成藏的关系。

本书能为从事油气田勘探与开发地质工作人员和工程技术人员提供参考，也可作为大专院校及企业在职教育培训教材。

图书在版编目(CIP)数据

准噶尔盆地西北缘哈山地区火山岩储层裂缝发育期次及成因机制／袁海锋等著. —北京：科学出版社，2016.8

ISBN 978-7-03-049579-2

Ⅰ.①准…　Ⅱ.①袁…　Ⅲ.①准噶尔盆地-火山岩-岩性油气藏-储集层-裂缝（岩石）-研究　Ⅳ.①P618.130.2

中国版本图书馆 CIP 数据核字（2016）第 190851 号

责任编辑：杨　岭　黄　桥／责任校对：韩雨舟
责任印制：余少力／封面设计：墨创文化

科 学 出 版 社 出版

北京东黄城根北街16号
邮政编码：100717
http://www.sciencep.com

成都锦瑞印刷有限责任公司 印刷

科学出版社发行　各地新华书店经销

*

2016年8月第 一 版　　开本：787×1092 1/16
2016年8月第一次印刷　　印张：8
字数：200千字

定价：69.00元

前　言

准噶尔盆地西北缘哈山构造带的油气勘探始于 20 世纪 50 年代初期，该地区油气资源丰富，勘探潜力巨大。哈山地区现今的整体构造格架为大型推覆叠加构造，主体由多期逆冲推覆体相互叠加构成。哈山构造带经历了海西运动、印支运动、燕山运动和喜马拉雅运动多期构造运动的改造和叠加，形成了复杂的断裂系统及其伴生的裂缝系统。作为油气重要的运移通道和储集空间，裂缝的成因机制、发育期次及与油气成藏的关系制约了该地区的勘探，本书就以下内容开展研究工作，期望对区内的油气勘探有借鉴和指导意义。

（1）明确哈山地区岩石类型、孔隙类型及其发育的控制因素，利用岩心观察及成像测井资料对裂缝产状、充填情况等进行分析。

（2）对哈山构造主要的烃源岩层系的地球化学特征进行剖析，利用它们的生物标志物特征及其差异厘定区内的主要油气来源，探讨原油的输导体系及运移路径。重点分析裂缝充填矿物的 Sr、C、O 同位素及流体包裹体特征，探讨充填矿物的流体源及充填期次。

（3）对区内构造样式及演化过程进行分析，并结合不同岩性岩石力学性质的差异以及成像测井资料，探讨区内主要断层发育的先后次序及其对裂缝发育的控制作用，指出裂缝发育时期和油气充注的关系。

全书共分为七章，前言由袁海锋执笔；第一章由赵永福、徐昉昊执笔；第二章由徐国盛、刘勇执笔；第三章由梁家驹、赵永福、徐昉昊执笔；第四章由袁海锋、赵永福执笔；第五章由袁海锋、刘勇执笔；第六章由袁海锋、梁家驹执笔；第七章由袁海锋、徐国盛、刘勇执笔；本书由袁海锋、徐国盛、赵永福修改定稿。另外，王国芝、王诚、范蕾、黎凌川、陈彦梅、徐芳艮、高耀、郑晶等同志做了部分基础研究与图件制作等工作。

同时感谢中石化胜利油田分公司油气勘探管理中心的专家们在研究过程中提供的基础资料和宝贵意见，在此一并致谢。

鉴于作者水平有限，错误和不当之处在所难免，希望广大读者批评指正。

作者

2016 年 3 月

目　　录

第一章 区域地质背景

第一节 盆地地质背景

1. 盆地基本概况

准噶尔盆地位于我国大型纬向石油富集"黄金带"西段，形似三角形，地处中亚腹地，夹持于天山和阿尔泰山之间，四周被褶皱山系所围绕，是中亚造山带的重要组成部分，经历了海西运动、印支运动、燕山运动、喜马拉雅运动等多期复杂的构造演化过程（肖序常等，1992；何国琦等，1994，2001，2007；李锦轶等，1999，2000；陈发景等，2005；何登发等，2005；韩宝福和季建清，2006）；其东西长约 700km、南北宽约 370km，面积约为 $13 \times 10^4 km^2$，为晚古生代—中、新生代的大型叠合盆地，其周缘为古生代褶皱山系（李玮等，2009），是我国西部大型复合叠合含油气盆地之一。盆地整体呈楔形形态，基底由前寒武纪结晶岩系和早、中古生代褶皱系组成，北面以额尔齐斯—斋桑古生代深大断裂和缝合带与西伯利亚板块阿尔泰块体分隔开，南边以南天山北缘—星星峡古生代深大断裂和缝合带与塔里木板块分界，在大地构造位置上属于哈萨克斯坦板块（陈业全和王伟锋，2004；陈发景，2005）（图 1-1）。

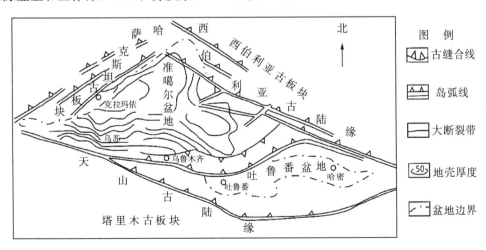

图 1-1 准噶尔盆地大地构造位置

2. 盆构造演化及构造单元划分

早古生代初期，在现今准噶尔盆地西界山的地方产生古大洋，使准－吐微板块与哈萨克斯坦板块发生分离，从而形成独立的准－吐微板块（王绪龙等，2013）。早石炭世末期，准-吐微板块与哈萨克斯坦重新碰撞闭合，使准噶尔盆地西部进入了一个新的发育阶段，碰撞标志物缝合线的是蛇绿岩套时代为 C_1-C_2；C_1-C_2 时期，西伯利亚板块与准噶尔板块聚敛碰撞，揭开了克拉美丽推覆体的发育历史和准噶尔东部前陆系统的发育历史；C_2-P_1 时期，准-吐板块与塔里木板块碰撞，从而揭开了北天山推覆构造和南部前陆盆地系统的序幕。同时，由于板块俯冲、碰撞作用的影响，导致博格达陆间裂谷的发育和随后的反转关闭，形成博格达构造带，将准-吐微板块又分割成准噶尔地块和吐鲁番地块两部分，从而使这两个板块的盆地发育进入新的、独立的演化阶段。

自二叠纪开始，海水逐步向东南退出，向前陆盆地全面转换，最后演变为大型陆内坳陷湖盆，准噶尔盆地及邻区全部进入陆内湖盆的时代，其中早-中二叠世属于前陆盆地阶段，晚二叠世—三叠纪演变为陆内坳陷阶段。早侏罗世—古近纪，准噶尔盆地进入陆内调整断—坳盆地旋回，其中侏罗纪早中期以伸展断陷为特征，此后发生右旋扭动，逐步由伸展向挤压转换，总体上只有昌吉凹陷具有持续沉降的特征；白垩纪以后形成大型陆内统一坳陷盆地，沉降中心向南部迁移，沉积厚度较大，长期延续南坳北坡的构造格局。新近纪—第四纪，随着北天山大规模隆升，准噶尔盆地南缘强烈沉降，并发育多条冲断褶皱带，在山前凹陷区沉积巨厚磨拉石建造。

准噶尔盆地是在一个挤压构造环境下形成的，具有复合叠加特征的大型含油气盆地。盆地构造表现出具有多向构造交织、多重构造系统、多重构造环境、多期构造演化、多源动力作用的基本特征。盆地自晚古生代至第四纪经历了海西运动、印支运动、燕山运动、喜马拉雅运动等构造运动。其中，晚海西期是盆地坳隆构造格局形成、演化的最关键时期，印支—燕山运动进一步叠加和改造（准东改造作用较为显著），喜马拉雅运动重点作用于盆地南缘，对其他地区影响较弱。多旋回的构造发展在盆地中造成多期活动、类型多样的构造组合和沉积体系，并严格控制了油气的聚集和分布。

准噶尔盆地构造单元的划分方案较多，杨海波等（2004）根据石炭系以上地层不同时期的构造演化特点、构造的连续性、地层沉积、区域性大断裂对地层沉积的控制程度等因素，将准噶尔盆地构造单元划分为：两大坳陷（乌伦古坳陷、中央坳陷）、三大隆起（陆梁隆起、西部隆起、东部隆起）和一个山前冲断带（北天山山前冲断带）等 6 个一级构造单元、44 个二级构造单元（图 1-2）。

第二节　西北缘地质背景

1. 西北缘地质背景

准噶尔盆地西北缘以哈拉阿拉特山和扎依尔山为边界，西南至奎屯，东北至夏子街，它处于西准噶尔褶皱山系与准噶尔块体之间，呈条带状北东向展布。沿走向自南而北可划分为南段车排子凸起（包括红车断裂带）、中段克拉玛依—百口泉构造带和北段乌尔禾—夏子街构造带（本书称哈山构造带）3 个次一级构造单元。准噶尔盆地西北缘构造位置如图 1-3 所示。

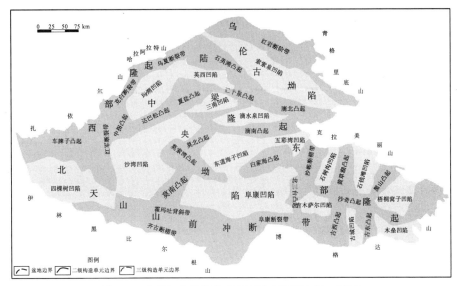

图 1-2 准噶尔盆地构造单元划分(杨海波等,2004)

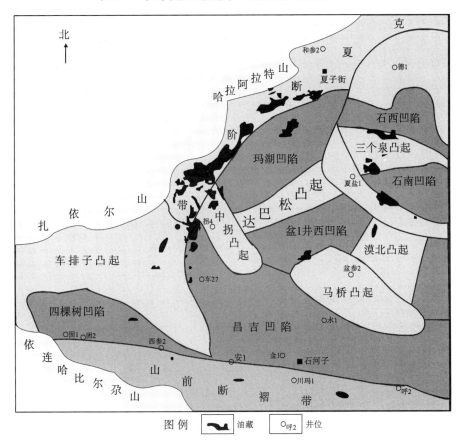

图 1-3 准噶尔盆地西北缘构造位置(隋风贵,2013)

准噶尔盆地西北缘是我国西部区域油气勘探的重点地区之一。20世纪50年代就发现了克拉玛依大油田。此后,又分别发现了车排子油田、白碱滩油田、百口泉油田、乌尔禾油田、风城油田、夏子街油田、玛北油田及小拐油田等。这说明西北缘是准噶尔盆地油气最富的地区之一，同时也说明该区具有丰富的油气资源和巨大的勘探潜力。

中石化在 2000 年介入该区的勘探工作，新疆油田在哈山构造带完钻探井 19 口，在侏罗系、白垩系见油气显示，但未能有大的发现。新疆油田在车排子地区钻 TH1 井、H1 井、H2 井和 C4 井等，见到油气显示，未获工业油田。20 世纪 80~90 年代相继发现了车排子、小拐和红山嘴油田。2000 年以后，开展了大量的综合研究和勘探部署工作，落实了区内的烃源岩条件、油气输导条件及区内的圈闭类型等，在车排子和哈山构造带相继获得重大勘探突破，先后发现了春光油田、春风油田和春晖油田，展现了 2 个亿吨级规模储量的勘探场面(隋风贵，2013)。

准噶尔盆地西北缘前陆冲断带是自石炭纪晚期发育起来的大型叠瓦冲断系统，哈拉阿拉特山冲断带为其冲断前锋构造带的东段。它由谢米斯台山单斜带、和什托洛盖盆地、哈拉阿拉特山叠瓦构造带和玛湖凹陷西斜坡四部分组成(图 1-4)。该冲断带以古生界内部的滑脱面为界，分为上、下两套构造变形层：上构造变形层发育 3~4 排叠瓦状冲断构造，各冲断层交汇于古生界内部的滑脱面中；下构造变形层可能为 10 多个古生界断块叠加而成的双重构造。它的形成原因为晚古生代时期，准噶尔-吐鲁番板块洋壳向哈萨克斯坦板块俯冲、消减以致发生碰撞作用，导致这一区域产生碰撞隆起带及与隆起带相邻的碰撞前陆型沉积坳陷，即车排子-红山嘴-夏子街地区的大型逆掩推覆构造及玛湖凹陷等(雷振宇等，2005)。新生代以来，准噶尔盆地西北缘表现为前陆盆地性质，伴随区域构造运动，形成一系列逆掩推覆体、逆冲断裂。

哈拉阿拉特山位于准噶尔盆地西北缘前陆冲断带的东北段，夹持于准噶尔盆地与和什托洛盖盆地之间，其南面紧邻玛湖凹陷，是一条典型的具有逆冲推覆性质的隐伏断裂系统，西靠克-百断褶带，东至夏子街断褶带地区，北面以达尔布特深大断裂为界，将其与和什托洛盖盆地相隔(刘政，2012)，走向由北东向逐渐转为近东西向，全长约 70km，宽度约 30km，面积约 2000km² (图 1-4)。

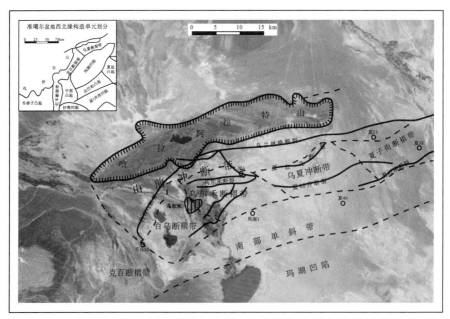

图 1-4　准噶尔盆地西北缘乌-夏地区大地位置及构造分区图(刘政，2012)

2. 西北缘构造演化

哈拉阿拉特山为准噶尔盆地的一个大构造单元，受到构造挤压、隆起、抬升作用，发育的地层以古生代地层为主，由于长时间的沉积间断和剥蚀作用，其中山露地表的地层为石炭系地层(刘政，2012)，只在局部零星发育上二叠系。哈拉阿拉特山西段出露地表的以中、上石炭统为主，中部以中石炭统为主，东部则以下、中石炭统为主。上石炭统地层以灰绿色、棕红色砂、砾岩为主；中石炭统地层上部发育灰棕色长石碎屑砂岩、泥岩夹粉砂岩及安山玢岩，中部则沉积暗灰、灰绿色凝灰质砂岩夹页岩，下部以灰、灰绿色砂岩、粉砂岩、粉砂质泥岩等为主；下石炭统地层西部与东部存在较大差异，西部发育灰、灰绿色砂岩、粉砂岩、泥岩及玄武岩等，东部则沉积砂岩、角砾岩、安山玢岩、流纹岩等。

自从罗迪尼亚(Rodinia)古大陆解体以后，在中亚地区形成最初的古亚洲洋，准噶尔即为存在于古亚洲洋之中的一个超大陆碎块(刘政，2012)。自 O_3 以来，古亚洲洋逐渐消减，并在周边形成了早古生代陆壳，到 S_1 时期时，古亚洲洋的面积已大为减少，同时准噶尔地体逐渐增厚，并在后缘区域形成弧后盆地。从 S_2-D_2，西准噶尔残余洋消亡，发生了哈萨克斯坦板块中西部的地块-巴尔喀什-塔城地块和准噶尔地块的碰撞事件，达尔布特断裂带区域发现的蛇绿岩即可能与该次构造相关。在这之后的相当长的一段时间内，整个区域进入了碰撞后伸展阶段。到 C_2 阶段，盆地出现小规模挤压现象，其周缘小洋盆逐渐消亡，进入残留海盆阶段，直至石炭纪末期。之后再次进入短暂的强烈伸展阶段，出现了较为典型的基性与酸性火山活动。直到二叠纪中后期，西北缘区域进入前陆盆地再生阶段，这一时期逆冲断裂活动非常发育。这之后进入内陆坳陷盆地发育阶段，伸展与挤压交替发育，但活动强度都非常弱，对西北缘地区的构造格局没有较大的改变(何登发等，2006；李丕龙等，2010)(表1-1，图1-5)。

表1-1 准噶尔盆地及西北缘地区演化阶段的划分(李丕龙等，2010)

演化阶段		地质时代	准噶尔盆地	盆地西、东北边缘
叠合盆地发育阶段	板内压陷	第四纪	盆地基底断块受北天山负荷作用影响发生挠曲变形，总体向南倾斜	扎依尔山，喀拉麦里山等为断块隆升，走滑逆冲到盆地基底断块之间，但引起盆地的压陷挠曲不明显
		新近纪		
	板内均衡	古近纪	均衡沉降区，沉积的白垩系、古近系在盆地区分布相对均匀	均衡隆升区，主要为剥蚀区，为准噶尔盆地提供物源
		白垩纪		
	板内压陷	侏罗纪	走滑逆冲基底断裂下盘断块压陷区，沉降-沉积与走滑挤压变形	走滑逆冲基底断裂上盘断块隆升区，主要为剥蚀作用；北部向南的逆冲作用相对较弱
		三叠纪		
	板内裂陷	二叠纪	裂陷盆地群，西部裂陷走向为NNE向，南部为NE-EEE向，古裂陷盆地边界与现今盆地走向并不一致	裂陷盆地肩部隆起区，部分裂陷影响到现今盆地西缘

续表

演化阶段		地质时代	准噶尔盆地	盆地西、东北边缘
盆地基底形成阶段	板块拼合	石炭纪	主体部分为古陆块，早期可能与吐哈古陆块连在一起，石炭纪开始发生裂陷分离，南北发育大陆边缘盆地	北缘泥盆纪为裂陷大陆边缘，晚期转为活动陆缘；西缘、东缘均有岛弧－弧间盆地、弧后盆地发育；晚期古洋盆俯冲消减、闭合
		泥盆纪		
	洋陆分离	志留纪	震旦纪裂陷分离出准噶尔－吐哈陆块的一部分，南北两侧发育大陆边缘盆地	收缩的古洋盆，东北缘奥陶纪中期洋盆消减，准噶尔地块与阿尔泰地块拼合增生到西伯利亚板块西南边缘；西北缘为被动大陆边缘
		奥陶纪		
		寒武纪		
		震旦纪		
古陆形成阶段		前震旦纪	准噶尔古陆块新元古代早期(1300~1100Ma)形成的罗迪尼亚超级大陆的一部分，并成为里菲期(约900~800Ma)裂解形成古亚洲洋中的碎块，分散游离在西伯利亚古陆和东冈瓦纳古陆之间	

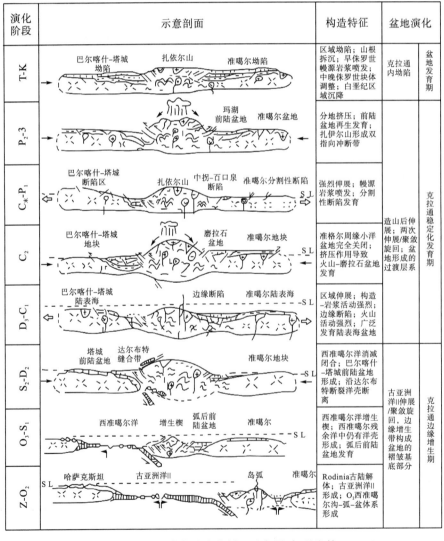

图 1-5　准噶尔西北缘构造演化剖面示意图(何登发等，2006)

准噶尔盆地西北缘的地层具有以下发育特征(隋风贵，2013)：①自下而上发育 P/C、P_2/P_1、T/P、J/T、K/J 五期区域性角度不整合，其中 P/C、P_2/P_1 和 T/P 不整合代表的夷平面发生了非常明显的错段或弯褶变形，而 J/T，K/J 间的不整合面比较平缓，鲜有断层穿过；②石炭系—二叠系内断裂最发育，大断裂向上多发育于三叠系(或侏罗系)，白垩系及以上断层不发育；③石炭纪—二叠纪地层结构复杂，断裂带中发育多重"叠片"(特别是哈山地区)，中、新生代地层结构简单，呈"勺形"向隆起区迅速减薄并直接覆盖在石炭系或二叠系上；④新生界由南向北呈楔形迅速减薄，车排子地区沉积了巨厚的新近系，哈山、克拉玛依地区新生界缺失。

上述地质现象表明(隋风贵，2013)，准噶尔盆地西北缘经历了多期构造活动，其中三叠纪前构造最为强烈，形成大量断层、褶皱和不整合；侏罗纪前发生过显著的改造作用，使三叠系及以下地层整体褶皱，断层也发生进一步活动；侏罗纪—白垩纪地层平整，变形微弱，以整体升降为主；新生代南北地层结构不同，演化具有明显的分异性。综合考虑不同时期的区域构造环境、盆地性质及叠加改造特征，为可将准噶尔盆地西北缘二叠纪以来划分为后造山伸展(P_1)、强烈挤压逆冲(P_{2+3})、继承性逆冲叠加(T)、整体振荡升降(J-K)和陆内前陆(KZ)五大构造阶段。哈拉阿拉特山的形成为多期构造叠置的结果。石炭纪末期存在小规模逆冲作用，但其主要冲断作用始于二叠纪中后期，在二叠纪末—三叠纪初期时活动强度加大，之后进入相对稳定阶段，直至三叠纪末至侏罗纪初期构造活动达到高潮；之后活动减弱，进入燕山-喜马拉雅调整期。

第二章　储层岩石学及储集空间类型

第一节　储层岩石学

火山岩储层是火山作用喷出的岩浆经过冷凝、成岩以及各种次生成岩作用所形成的具有一定孔隙度和渗流能力的特殊油气储层。火山岩岩石类型众多，针对火山岩的分类方案也较多，但目前学者在进行学术研究和实际工作中（杜金虎，2010；邹才能，2011）较多采用国际地质科学联合会 1989 年推荐的岩石结构-成因分类方案，即将火山岩储集岩类型分为火山熔岩与火山碎屑岩。从目前世界范围内已经发现的火山岩油气藏来看（Othman et al，2001；Rushdy et al，2002；Rohrman，2003；Schutter，2003），火山岩储层的岩石类型多样。由于火山岩储层不具有岩石类型专属性（赵海玲等，2004），因而无论是火山熔岩类的玄武岩、安山岩、流纹岩等，还是火山角砾岩类的集块岩、火山角砾岩、凝灰岩等，均具有形成油气储层的可能性。

研究区石炭纪火山作用强烈，石炭系同时存在火山熔岩类（安山岩、玄武岩）与火山碎屑岩类（火山角砾岩、凝灰岩）发育，其中火山碎屑岩类原生储集条件较好，后期构造作用及溶蚀作用等次生成岩作用叠加改造明显，是区内油气储层最为重要的岩石类型。

一、火山角砾岩

火山角砾岩是火山作用过程中形成的碎屑物与部分正常沉积物或熔岩物质（作为胶结物）经堆积、固结形成的岩石。其颜色多为灰色、褐灰色（含油）；角砾（碎屑物）含量不少于 1/3（一般大于 50%）；其角砾大小不一，粒度介于 2～64mm；研究区最大角砾约50mm，其角砾成分多为安山质角砾、玄武质角砾、流纹质角砾。角砾间多为熔岩和胶结形成熔结角砾岩，熔岩后期被溶蚀后经方解石胶结而形成方解石胶结火山角砾岩。

研究区几乎所有井均见火山角砾岩，其中以 HQ3 井及 HQ101 井含火山角砾岩岩层最厚，最厚可达 1700m，研究区其他井厚度一般为 300m 左右，平面上从 HQ3 井和HQ102 井连线方向沿北西南东方向厚度逐渐减薄。剖面上火山角砾岩多与凝灰岩交互产出，构成爆发相到火山沉积相的喷发旋回（图 2-1）。

通过手标本观察，各喷发旋回内部分火山角砾岩具有粒序构造，粒径较大的火山集块与粒径较小的火山角砾具有明显的界线，显示出由下往上粒度由粗变细的正粒序特点（图 2-2a）。火山角砾多为灰白色、次棱角状，角砾最大扁平面直径约 10mm，角砾扁平面多平行或小角度相交于砾序层理面，角砾间充填深灰色火山灰。熔结角砾岩总体显示出块状构造，灰白色玄武安山质刚性岩屑被白色安山质塑性熔浆胶结，刚性岩屑总体呈浑圆状，粒径约 25mm，受安山质熔浆溶蚀成港湾状，与安山质熔浆渐变过渡。熔结角砾岩内发育孔洞，孔洞内充填黑色沥青(图 2-2b)。

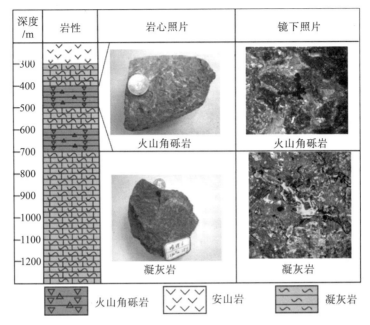

图 2-1 火山角砾岩与凝灰岩韵律旋回(HQ6 井，石炭系)

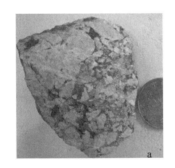

火山角砾岩，集块与角砾分界明显，
HQ6 井，812.10m

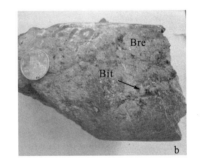

熔结角砾岩，HQ6 井，648.50m，
Bit. 沥青；Bre. 角砾

图 2-2 火山角砾岩(哈浅 6 井，石炭系)

镜下观察发现，岩石多具有典型的火山角砾结构(图 2-3a、b、c、d)与含气孔玻基交织结构(图 2-3e、f)。火山角砾岩中，角砾长轴多为 3~5mm，长宽比约为 3∶1，角砾搭成格架，格架间充填细小火山灰，在后期演化过程中火山灰被碱性流体溶蚀、取代形成自形、半自形方解石，角砾棱角被流体溶蚀形成次棱角状-次圆状，角砾裂隙、边缘充填方解石。角砾成分多为玄武-安山质角砾和流纹质角砾(图 2-3b)。玄武-安山质角砾内多见被方解石交代的半自形长石晶体。流纹质角砾内见拉长气孔呈定向排列，气孔已被后期石英充填，呈现鸡骨头状(图 2-3c、d)。含气孔玻基交织结构中：气孔散乱分布于基质中，含量约 20%，直径约 0.1~0.3mm，气孔多成浑圆状，孔内充填石英与自形方解石(图 2-3f)；基质中自形-半自形长石与细小火山灰、玻屑交织在一起成玻基交织结构。由于火山角砾岩多为火山爆发形成，属近火山端元产物，岩浆喷发强烈，故火山角

砾岩中溶孔、气孔、裂缝发育。

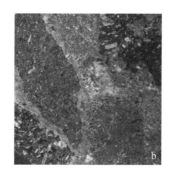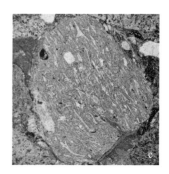

火山角砾结构，方解石胶结， HQ6 井，647.60m，单偏光， Cc.方解石	火山角砾结构，方解石胶结， HQ6 井，647.60m， 正交偏光	火山角砾岩，流纹质角砾， HQ102 井，1340.77m， 单偏光

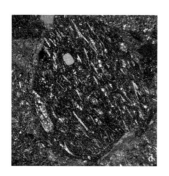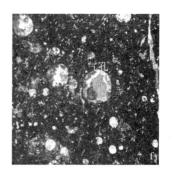

火山角砾岩，流纹质角砾， HQ102 井，1340.77m， 正交偏光	火山角砾岩，气孔玻基交织结构， 火山角砾结构，HQ6 井， 814.10m，单偏光	火山角砾岩，气孔玻基交织结构， 火山角砾结构，HQ6 井， 814.10m，正交偏光

图 2-3　哈山地区石炭系火山角砾岩显微镜下特征

二、安山岩

安山岩为钙碱性系列中基性喷出岩，属硅酸饱和及弱饱和的岩石。其颜色为灰白色－灰色，具斑状结构、块状构造。

在 HS1 井、HS2 井、HQ3 井、HQ6 井均见安山岩岩心段，厚度不均匀，其中 HS1 井和 HS2 井最厚，可达 800m。HS1 井中安山岩（600m）与凝灰岩（1000m）构成多期旋回（图 2-4），证实其处于远火山端的特点，HS2 井安山岩（800m）与凝灰岩（800m）和玄武岩（900m）构成多期旋回，证实其处于相对近火山端的特点。HQ6 井中安山岩（100m）与凝灰岩（800m）和火山角砾岩（300m）构成多期旋回，证实其处于近火山端的特点。

通过对以上井段中安山岩的岩心取样发现，安山岩为块状构造，肉眼可见细小柱状长石及大量暗色矿物，裂缝和孔隙发育，部分裂缝和孔隙内发育充填物，其充填物多为方解石。方解石脉不规则分布。岩心横断面见少量呈星点状分布的黑色沥青。

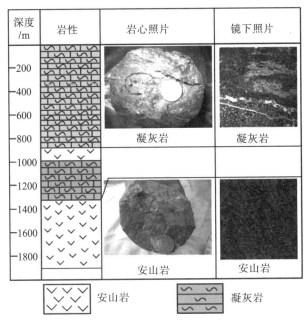

图 2-4　安山岩与凝灰岩多期次旋回(HS1 井，石炭系)

通过对安山岩的岩心进行薄片观察发现，安山岩多具有斑状结构(图 2-5a)，斑晶主要由斜长石和暗色矿物组成，斜长石斑晶常呈厚板状、长柱状或不规则状，其含量约占15%～20%。斜长石以中长石、拉长石为主，无定向，常见环带结构以及强烈蚀变形成的溶蚀结构(图 2-5a)。暗色矿物主要为普通角闪石，有时为辉石或黑云母，角闪石多见暗化边结构(图 2-5b)，辉石见简单双晶，黑云母多被溶蚀，形成次生孔洞。安山岩基质具玻晶交织结构(图 2-5c)，斜长石微晶呈交织状或近于平行排列，含有少量玻璃质。可见少量石英，石英边缘被基质溶蚀，边缘为浅黄色。见气孔，孔中充填石英，中部被方解石充填，具多期充填的特点。

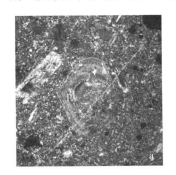
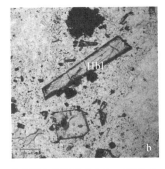

玄武安山岩长石环带结构、溶蚀结构和斑状结构，Pl：斜长石(中性)，HQ7 井，160.60m，正交偏光

安山岩中角闪石暗化边，HQ7 井，Hbl：角闪石，162.65m，单偏光

安山岩中玻基交织结构，HQ7 井，213.15m，正交偏光

图 2-5　哈山地区石炭系安山岩显微镜下特征

通过对安山岩的岩心及薄片观察发现，安山岩受构造裂缝影响，产生裂缝型孔隙，是较好的储集空间，裂缝中常有油质充填。

三、玄武岩

玄武岩是钙碱性系列的基性喷出岩，系硅酸不饱和或弱饱和岩类。颜色为灰黑色，块状构造。

研究区在 HS2 井、HQ4 井等井中发现玄武岩岩心段。每一旋回中玄武岩厚度不均匀，揭示不同期次火山爆发作用强度和性质不一致，旋回中玄武岩最厚处可达 700m。HS2 井玄武岩(共 900m)、安山岩(共 800m)和凝灰岩(共 800m)构成多期喷发旋回，说明玄武岩处于相对远离火山口的特点(图 2-6)，也显示了从基性到中性的多次喷发旋回。

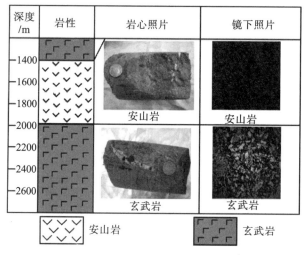

图 2-6　安山岩与玄武岩多期次喷发旋回(HS2 井，石炭系)

通过对以上井段中玄武岩的岩心取样发现，玄武岩为灰黑色-棕黑色，发育气孔构造、杏仁构造和块状构造(图 2-7a)。取样岩心可见大量暗色矿物，发育裂缝和孔隙，孔隙多为原生孔，已被后期方解石、石英或铁质充填物充填，裂缝多为方解石脉或石英脉充填。脉分布不规则，沿脉有少量黑色沥青。

通过对玄武岩的岩心进行磨片观察发现，玄武岩多具粗玄结构，在不规则分布排列的斜长石长条状微晶所形成间隙中，充填有若干个粒状辉石和磁铁矿的细小颗粒(图 2-7b、c)，反映其在冷却速度较慢的情况下形成。暗色矿物主要为辉石，有时含有角闪石，

 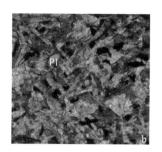 

深灰色玄武岩，含杏仁体，　　　玄武岩，粗玄结构，　　　玄武岩，粗玄结构，HQ4 井，
HS2 井，2024.43m(岩心照片)　　HQ4 井，686.50m，单偏光　　686.50m，正交偏光

图 2-7　哈山地区石炭系玄武岩特征

角闪石见暗化边结构。玄武岩受构造裂缝影响，产生裂缝型孔隙，是较好的储集空间，裂缝中常见油质充填。

四、凝灰岩

凝灰岩为火山喷发时粒度小于2mm的火山灰在空中飘浮后堆积于地表形成。由于火山灰粒度细小，其从火山口喷出后，可在空气中飘浮几十公里甚至几百公里，故一般远离火山口堆积。火山灰在上升过程中相互熔结，形成熔结凝灰岩，该类凝灰岩常相对比较致密，具假流纹构造，偶具层理。

在HS1井、HS2井、HQ3井、HQ6井、HQ7井、HQ102井均见凝灰岩岩心段，厚度不均匀(图2-8)，其中HS1井最厚，可达1200m。HS1井中凝灰岩与安山岩构成多期次喷发旋回，说明其为远火山端元，HS2井凝灰岩与安山岩和玄武岩构成多期喷发旋回，说明其为相近火山端元。HQ6井中凝灰岩与安山岩和火山角砾岩构成多期次喷发旋回，说明其为近火山端元。

通过对以上井段的岩心取样发现，凝灰岩通常为灰绿色，致密质脆，岩屑和晶屑含量很少，一般肉眼观察不到。凝灰岩中含有少量的岩屑、玻屑、晶屑等，可证实其来源为火山爆发产物，凝灰岩为火山沉积相。

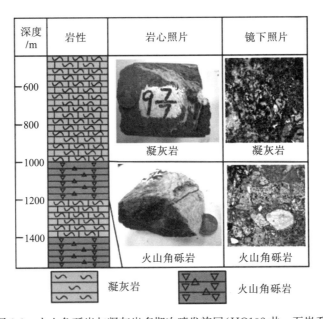

图2-8　火山角砾岩与凝灰岩多期次喷发旋回(HQ102井，石炭系)

凝灰岩常发生次生溶蚀变化，形成基质内溶孔(图2-9)，溶蚀孔内多出现方解石化、硅化、绿泥石化等，显示有多期次的溶蚀再充填作用。后期裂缝被方解石充填，方解石再发生溶蚀，形成储集性较好的孔洞。

 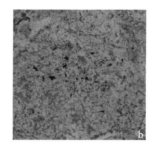 

凝灰岩，裂缝充填方解石脉　　　　凝灰岩 HQ6 井，　　　　凝灰岩 HQ6 井，
HQ6 井，255.50m　　　　　　　299.68m，单偏光　　　　299.68m，正交偏光

图 2-9　哈山地区石炭系凝灰岩特征

五、碎屑岩

研究区的碎屑岩在二叠系至白垩系均有发育，但已完钻的井普遍缺失三叠系。地震剖面显示研究区沉积岩总体南倾，碎屑岩整体与下伏石炭系地层为不整合接触，各钻井内碎屑岩厚度在 100～300m。研究区岩性组成较复杂，主要岩性为细砾岩(图 2-10a、d)、粉砂岩(图 2-10b、e)、粉砂质泥岩(图 2-10c)。该区碎屑岩中见有油和沥青等油气显示，油和沥青主要充填于碎屑岩发育的裂隙、层理以及砾石之间的孔隙中。

  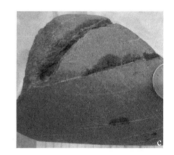

细砾岩，HQ4 井，551.59　　　粉砂岩，HQ6 井，1360.70m　　　粉砂质泥岩，HS1 井，2098.90m

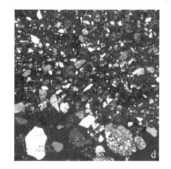  

细砾岩，碎屑结构　　　　　　粉砂岩，韵律层理　　　　　粉砂岩，微裂缝充填石英
HQ4 井，551.59m，正交偏光　　HS1 井，2094.70m，正交偏光　　HS1 井，2154.50m，正交偏光

图 2-10　哈山地区二叠系碎屑岩特征

本区碎屑岩主要呈深灰色、灰白色，碎屑结构，块状构造。其中砂岩和粉砂岩普遍具有碎屑结构和块状构造，分选和磨圆均较好；岩石主要由碎屑颗粒和杂基组成，碎屑颗粒主要成分为长石、石英和一些岩屑颗粒。细砾岩磨圆较好，砾石的直径约为 20～30mm，最大粒径可达 30mm。碎屑岩普遍发育韵律层理（图 2-10e），同时也可见孔隙和裂缝发育，孔隙和裂隙中多充填方解石或石英（图 2-10f）。碎屑岩中的油和沥青主要充填于碎屑颗粒或砾石之间的孔隙中和岩层的层理中，油气显示较好。

泥岩质地较为坚硬，但泥岩岩心中也可观察到发育较为细小的裂缝，裂缝中可见油气显示，其含油部分呈棕色，不含油部分呈灰色。

通过对该区粉砂岩和砂岩薄片镜下观察发现主要为砂屑结构和块状构造，部分砂岩中可见到韵律层理发育。矿物组成主要为长石、石英和岩屑，也可见到少量云母。其中石英含量为 50％～60％，正交偏光下，石英矿物颗粒粒度普遍较小，呈晶粒的集合体形式存在，偶见薄片中石英呈脉状产出。粒度稍大的石英颗粒可观察到较好的磨圆性与分选性。薄片中长石含量较少，含量为 10％左右。正交偏下可见聚片双晶等特征。除此之外，薄片中可见岩屑颗粒，岩屑含量约为 30％，成分主要为沉积岩岩屑和火成岩岩屑（如玄武岩岩屑和火山凝灰质岩屑等）。云母含量约为 5％，主要为白云母和绢云母，正交偏光下呈鳞片状集合体，干涉色较高，颜色鲜艳，容易区分。除碎屑颗粒之外，其余均为杂基。砾石在单偏光下呈碎屑结构，砾石的大小不一，整体而言在 20～30mm，大者可达 30mm 左右。砾石的分选性不好，磨圆程度介于次圆状至圆状。砾石的主要成分为砂岩、粉砂岩和火山碎屑岩。砾石颗粒之间的孔隙可见充填有一些杂基和石英矿物颗粒，石英颗粒呈棱角状。镜下可以清晰地见到沥青和石油充填于碎屑岩的孔隙之间，在砂岩的层理构造中也可见到有油气显示。

本区泥岩中可见很好的油气显示，泥岩在正交偏光下呈块状构造，可见水平层理发育，同时可见微小的裂缝发育，在裂缝中可见沥青充填。

第二节　储集空间类型

火山岩储集空间具有类型多样、成因复杂、非均质性强等特征（邹才能等，2008），其发育与分布受多种地质因素的影响。火山岩在最初固结成岩过程中就普遍存在原生孔隙和原生裂缝的发育，之后在经历多期构造活动、接受风化淋滤以及其他地质流体的溶蚀过程中还会形成大量的次生孔隙与次生裂缝（李军等，2008；王仁冲等，2008），由于火山岩原生储集空间发育规模有限且连通性较差，在没有受到成岩后期次生改造的前提下将很难成为良好的油气储层。准噶尔盆地西北缘哈山地区石炭系火山岩储层发育多种类型储集空间，既有原生成因的气孔、砾间孔、晶内炸裂纹等，也有次生成因的晶内溶孔、基质溶孔、构造裂缝等，其中次生成因的构造裂缝和各种后期溶蚀孔、洞、缝对于研究区内火山岩储层能够成为良好的储集空间起到了关键性作用。

通过对 HS1 井、HS2 井、HQ3 井、HQ101 井、HQ102 井、HQ4 井、HQ6 井及 HQ7 井的岩心观察和室内薄片的详细微观分析，结合研究区内火山岩的宏观和微观储集空间的类型及特征，参考各种储集空间的成因，建立了研究区内石炭系火山岩储集空间的分类方案。首先根据成因划分为原生储集空间和次生储集空间两类，其次根据储集空间形态，将原生储集空间分为气孔、砾间孔、冷凝收缩缝、晶内炸裂纹；次生储集空间分为晶内溶蚀孔、基质溶蚀孔、气孔充填物内溶孔、构造裂缝(表2-1)。

表 2-1　哈山地区火山岩储层空间类型及简要特征

	孔隙类型	孔隙成因	孔隙特征	代表岩性
原生储集空间	气孔	岩浆中的挥发分没有及时逸出，被保存在岩石中形成气孔	形态多样，圆形－椭圆形，线性或不规则形态	安山岩玄武岩
	砾间孔	火山碎屑颗粒间成岩后残余的孔隙	形态不规则，常呈线状	火山角砾岩
	冷凝收缩缝	等容冷却	形态不规则或呈条带状	玄武岩安山岩
	晶内炸裂纹	晶体冷凝收缩炸裂	形态不规则，切穿晶体或者沿解理生成	火山角砾岩
次生储集空间	晶内溶蚀孔	晶体内部被部分溶蚀	形态不规则，位于晶体内部	火山角砾岩安山岩
	基质溶蚀孔	火山玻璃脱玻化或微晶的长石被溶蚀	细小筛孔状	火山角砾岩
	气孔充填物内溶孔	气孔充填物重结晶作用或部分被溶蚀	形态不规则	安山岩
	构造裂缝	构造应力作用导致的裂缝	平直、延伸性好	凝灰岩火山角砾岩

一、原生储集空间

原生储集空间是火山岩在构造、后期流体等次生成岩作用发生之前岩浆冷凝成岩过程中所形成的各种储集空间(熊益学等，2012)。影响火山岩原生储集空间的因素很多，包括岩浆的化学成分、挥发分组成及含量、成岩作用方式、火山作用的强烈程度以及火山作用时的地形地貌等。火山岩中的原生孔隙主要是指火山岩固结成岩过程中所形成并保存下来的非线型的储集空间，研究区内主要观察到的孔隙有气孔和砾间孔两类。火山岩中的原生裂缝是指火山岩在固结成岩过程中，由于冷凝收缩，火山岩的体积减小而形成的线型、裂缝型储集空间。研究区内主要观察到的原生裂缝有冷凝收缩和晶内炸裂纹两类。

1. 气孔

气孔是熔浆喷出地表，在地表的流动过程中，由于压力的减小，岩浆中所含挥发分体积增大，在浮力的作用下陆续从岩石中分离出来，部分未能逸出的挥发分被封闭在岩浆中所形成。区内已经发现的原生气孔较多，分布较广。气孔的形状多样，常见的有圆形、椭圆形及不规则形态等。少数气孔沿岩浆流动方向被不同程度地拉长定向。气孔大小不一，密度也不均一，连通性较差。这类气孔主要发育在火山熔岩流的中上部，与岩浆中挥发分含量的多少有直接关系。一般来讲，中性岩浆中所形成的气孔比基性岩浆中的多(图2-11a、d)。

火山角砾岩中气孔发现，由于火山角砾岩多属于爆发相，属近火山端，岩浆强烈喷发，必然造成大量气孔，气孔大小不一，多数已被后期的碳酸盐和硅质充填。安山岩的气孔系熔岩由于岩浆喷出地表时，温压条件突然改变，冷凝的过程中，压力降低，气体从中溢出，形成形态不一、大小不同的孔洞。熔浆气孔多存在于安山岩浆的上部，向下依次减少，气孔多彼此独立，与次生裂缝、溶蚀孔缝连通。气孔中常充填半自形－它形金属不透明矿物以及颗粒细小的重结晶的长英质矿物，形成杏仁体。

2. 砾间孔

火山岩的原生砾间孔主要包括两种类型，一种是指火山熔岩质碎角砾岩或者隐爆角砾岩化而形成的角砾间孔隙（图 2-11b、e），但孔隙基本已被充填或半充填；另一种是火山碎屑中的火山碎屑间孔隙。砾间孔一般具有孔隙较大、连通性好等特征，砾间孔的大小与形态受火山碎屑和火山角砾的组合形式控制，常与裂缝伴生。

3. 晶内炸裂纹

在火山喷发的过程中，由于围压的迅速降低，岩浆自身压力骤减，岩浆内先结晶形成的晶体破碎形成裂缝。晶内炸裂纹的形态通常不规则，常穿切晶体，后期流体多沿晶内炸裂纹对晶体进行溶蚀。晶内炸裂纹通常见于具斑状结构岩石和含晶屑细粒火山角砾岩中（图 2-11c、f）。

玄武安山岩原生气孔
HQ6 井，648.50m，单偏光

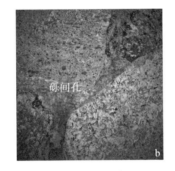

玄武安山岩原生气孔
HQ6 井，648.50m，正交偏光

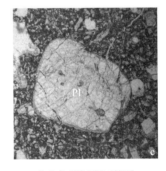

火山角砾岩原生砾间孔
HQ102 井，531.70m，单偏光

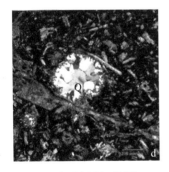

火山角砾岩原生砾间孔
HQ102 井，531.70m，正交偏光

长石晶内炸裂纹
HQ6 井，648.50m，单偏光

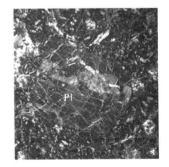

长石晶内炸裂纹
HQ6 井，648.50m，正交偏光

图 2-11 研究区石炭系火山岩原生孔隙特征

原生储集空间在研究区普遍发育，但分布不均，各岩性发育不同的原生储集空间组合类型。其中火山角砾岩中发育原生砾间孔和冷凝收缩缝；玄武岩和安山岩发育气孔和晶内炸裂纹，二者以火山角砾岩原生孔隙度相对较高。

4. 冷凝收缩缝

岩浆喷出地表后，由于流速差异和冷凝速度的差异，导致在其冷凝成岩过程中，在熔岩体内冷凝收缩裂开成裂缝。冷凝收缩缝常呈不规则状产出，为张性裂缝，一般规模不大，冷凝收缩缝常见于具流动构造的火山熔岩和具有熔岩结构的火山碎屑的基质中。安山岩的微裂缝多为岩浆冷凝收缩或火山玻璃重结晶作用形成，微裂缝沿晶体边缘展布，部分与溶蚀孔相连通。

二、次生储集空间

次生成岩作用的发生和作用效果受原生储层特征的影响，次生储层往往是叠加在原生储层之上，致使火山岩储层的孔隙类型复杂化(柳成志等，2010)。次生成岩作用对火山岩的储集性能具有双重影响，一方面对原生孔隙进行了完全或者部分充填，在一定程度上降低了火山岩的储集能力；另一方面是使火山岩发生不同程度的破碎，产生了大量的次生孔隙，提高了火山岩的储集性能。次生孔隙的发育在一定程度上有利于油气的聚集成藏(刘虹瑜等，2012)，研究区内火山岩的储层次生孔隙发育带往往具有良好的油气显示。

研究区内所观察到的火山岩主要形成于石炭系，在其形成后历经海西运动、印支运动、燕山运动和喜马拉雅运动等多期构造活动(胡杨和夏斌，2012)。在压实、溶解、重结晶、次生蚀变等多种成岩作用的共同影响下，原生储层空间被改造，生成新的晶内溶蚀孔、基质内溶蚀孔与溶蚀缝、气孔充填物内溶孔、构造裂缝。

1. 晶内溶蚀孔

研究区火山岩中常见的单矿物主要有长石、石英、辉石、角闪石、黑云母等。这些矿物晶体，除了石英晶体的化学稳定性较好以外，其他晶体经常与地质流体进行成分的交换，发生溶解和水解作用，不稳定矿物成分被溶解，矿物晶体结构发生变化，晶体被溶蚀的部位形成溶蚀孔隙。研究区内安山岩中晶内溶孔主要发育在长石单晶体内(图 2-12)，多数为中性的斜长石，次生变化类型多样，主要为绢云母化、黏土化、绿帘石化、方解石化等，晶内溶孔主要充填物有方解石、油及沥青。

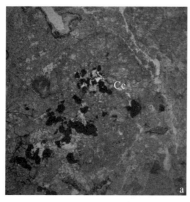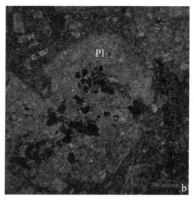

图 2-12　后期方解石充填和沥青质充填的长石晶内溶孔

HQ7 井 214.00m；Cc. 方解石；Pl. 斜长石；a. 单偏光；b. 正交偏光

2. 基质溶蚀孔、溶蚀缝

基质内溶蚀孔主要是由于火山岩的基质在一定的地质条件下发生蚀变和溶蚀作用，例如，绿泥石化、沸石化、火山玻璃脱玻化等，这些次生成岩作用的产物被地质流体溶解而出现次生溶蚀孔洞，即基质内溶蚀孔。基质内溶蚀孔一般体积较小，但是数目较多，部分具有一定的连通性，是凝灰岩储层空间的重要组成部分。区内火山角砾岩中溶孔发育，在基质内常见大量超大溶孔，该类溶孔显示有多期次充填特征，一期硅质流体沿溶孔内壁形成充梳状边石英，二期硅质流体充填剩余空间形成自形单晶石英(图 2-13)。图 2-13 中长石边部圆滑，基质溶蚀长石形成环状边。地下深处岩浆携带高温流体上升至浅部或喷出地表时将凝灰岩基质熔化成港湾状和浑圆状，形成基质内溶孔(图 2-14)。

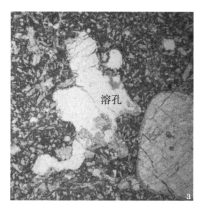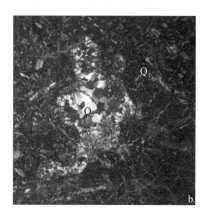

图 2-13　火山角砾岩中的基质溶孔

Q₁. 溶孔中第一期硅质充填(梳状边)；Q₂. 溶孔中第二期硅质充填(较自形石英)；

HQ6 井 648.50m；a. 单偏光；b. 正交偏光

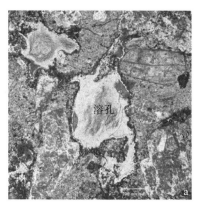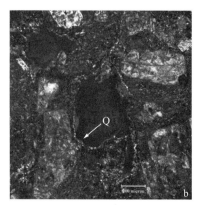

图 2-14　凝灰岩基质内溶孔(边部充填一期硅质)

HQ7 井，214.00m；Q. 石英；a. 单偏光；b. 正交偏光

研究区石炭系火山角砾岩中还可见火山岩基质溶蚀缝，该类裂缝主要是在先存构造微裂缝的基础之上，火山岩基质被后期地质流体溶蚀所形成。研究区基质溶蚀缝具有宽、长、密集分布等特点，常充填有硅质、碳酸盐、原油(图 2-15)等。由于基质溶蚀缝具有连通原生孔隙的作用，因此，该类裂缝有助于提高火山角砾岩的油气渗流与储集能力。

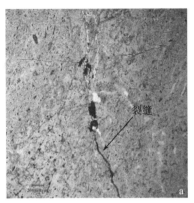 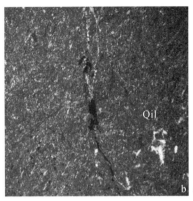

图 2-15　火山角砾岩基质中的溶蚀缝(含油)

HQ6 井，302.81m；a. 单偏光；b. 正交偏光

3. 气孔充填物内溶孔

通过对研究区内岩心的观察，气孔的充填物主要有沸石、绿泥石、沥青、方解石、硅质等。气孔内充填的矿物被全部或部分溶蚀而形成的次生孔隙即气孔充填物内溶孔(图 2-16)，主要见于火山熔岩中。图 2-16 中，玄武安山岩中原生气孔被次生方解石充填，方解石之后被溶蚀，形成新的溶蚀孔洞。

 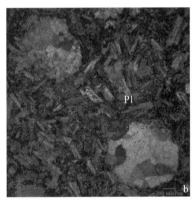

图 2-16　玄武安山岩气孔充填物内溶孔

气孔形成后充填方解石，二期方解石被溶形成新的孔洞；Cc. 方解石；

Pl. 斜长石；HQ102 井 1339.04m；a. 单偏光；b. 正交偏光

4. 构造裂缝

火山岩原生孔隙度和渗透率均较低，岩石致密且脆性大，在构造应力作用下容易形成裂缝(阮宝涛等，2011)。火山岩中发育的裂缝不仅是重要的流体渗流通道，同时也是良好的储集空间。裂缝的发育是后期溶蚀孔、洞形成的重要控制因素。因此，裂缝不仅是火山岩储层研究极为重要的内容之一，也是油气勘探开发的重要目标(戴俊生等，2003；高霞和谢庆宾，2007；潘保芝等，2003)。一般情况，构造裂缝常成批出现，即为具有一定延伸长度的高角度缝和低角度缝，也可表现为局部微小的裂缝体系。构造裂缝极大地改善了火山岩的流体渗流能力(屈洋，2015)，使其成为各种地质流体的重要运移通道。因此，构造裂缝发育的火山岩，其后期成岩作用也相对更为发育。

　　研究区经历了多期次构造运动(胡杨和夏斌，2012)，强烈的推覆活动在石炭－二叠系火山岩中形成了大量构造裂缝。岩石手标本及岩石薄片的镜下观察发现，研究区内构造裂缝常被后期的成岩作用充填改造，表现为硅质和钙质等部分或完全充填。次生裂缝为基质被流体溶蚀或构造作用形成，裂缝具有宽、长、密集分布等特点，常充填有硅质、碳酸盐及原油(图 2-17)等，此类裂缝具有连通原生孔隙的作用，是火山角砾岩成为良好储油空间的最重要因素。凝灰岩中裂缝发育，系构造作用形成，此类裂缝多被方解石充填(图 2-17)，后期方解石脉再遭受溶蚀形成孔洞，成为良好储集空间。

图 2-17　凝灰岩中被方解石脉充填的裂缝

HQ6 井 257.80m；Cc. 方解石；a. 单偏光；b. 正交偏光

　　火山岩储层次生孔隙的形成与发育往往受原生储层特征的影响，次生储层往往叠加在原生储层之上，使得火山岩储层的孔隙类型复杂化。次生成岩作用对火山岩的储层能力具有双重影响，一方面对原生孔隙进行了完全或者部分充填，在一定程度上降低了火山岩的储层能力；另一方面是使火山岩发生不同程度的破碎，产生了大量的次生孔隙，提高火山岩的储层能力。研究区内火山岩的储层储集和渗流能力受到次生成岩作用的改造，其中裂缝对火山岩的储集性能起建设性作用。

第三节　储集空间发育的影响因素

　　前人研究表明，准噶尔盆地火山岩储层发育受多方面影响(李军等，2008；刘虹瑜等，2012；赵宁和石强，2012；张奎华等，2015)，主要影响因素有：火山岩的喷发环境、岩性岩相，以及后期风化淋滤及断裂改造均是影响火山岩储集性能的重要因素。对于研究区石炭－二叠系火山岩储层而言，区域构造作用是火山岩发育的基础条件；岩性、岩相是火山岩原生储集空间发育的控制因素；成岩作用以及后期构造作用是进一步改善火山岩储层储集性能的关键因素。

一、岩性和岩相的影响

　　火山岩相是指"火山岩形成条件及其在该条件下所形成的火山岩岩性特征的总和"。

根据火山岩的形成条件以及火山作用的一般机理和成岩作用方式，将火山岩相划分为火山通道相、爆发相、溢流相、侵出相、次火山岩相和火山沉积相。研究区发育爆发相（火山角砾岩）、溢流相（玄武岩、安山岩）和火山沉积相（沉凝灰岩）。

根据各单井钻井的岩性显示：HQ101井主要为火山角砾岩，即爆发相。井深1700～1800m油气显示较好，井深1450～1650m具断续油气显示，该井总体油气显示较好。

HQ3井除下部150m和上部40m为凝灰岩外其余全为火山角砾岩，HQ3井主要为爆发相。井深2630～2720m（火山爆发相段）油气显示优异，井深2780～2840m（火山沉积相段）具断续油气显示，同时也说明火山爆发相储集性能优于火山沉积相段。HQ102井由爆发相→火山沉积相旋回逐渐过渡为溢流相→火山沉积相旋回，其油气显示总体较好。

HS1井由深到浅岩性叠置顺序为安山岩→凝灰岩→安山岩→凝灰岩，火山岩相为溢流相→火山沉积相→溢流相→火山沉积相，向上火山沉积相逐渐增多，油气显示上逐渐变差。

由各井内火山相空间叠置关系可知研究区存在多个火山喷发旋回，单个旋回内由近火山口到远离火山口依次发育火山通道相、爆发相、溢流相和火山沉积相。

结合各井平面分布位置可见火山爆发相主要分布于HQ101井、HQ3井一线，该线北西方向火山喷发强度逐渐减弱，火山岩相变化趋势为爆发相→溢流相→火山沉积相，由此可知该线对称方向也应出现火山角砾岩（图2-18）。

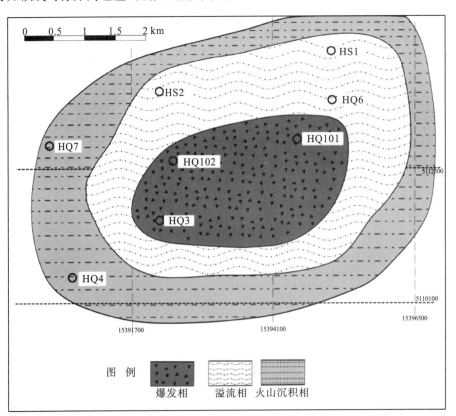

图 2-18　研究区火山岩平面岩相分布图

由于各火山相的形成环境、成岩作用方式及矿物组成等存在差异，因此各火山相的储层物性存在差异，现将各火山相的储层储集性能分述如表 2-2 所示。

表 2-2　火山岩相分类和储集空间类型

岩相类型	岩性特征	产出位置及成岩方式	储集空间类型
爆发相	含玻屑、晶屑浆屑的凝灰岩，熔结火山角砾岩	火山爆发产物，距火山口较近；岩浆冷凝胶结作用和压实作用	砾间孔，冷凝收缩缝，晶内炸裂纹，晶内溶蚀孔，基质溶蚀孔，构造裂缝
溢流相	气孔玄武岩、杏仁玄武岩，安山岩，气孔流纹岩，同生角砾岩	爆发相之外的相带；熔浆冷凝固结	气孔，晶内溶蚀孔，气孔充填物内溶孔
火山沉积相	层状火山碎屑岩、凝灰岩	产出于远火山端；通过压实作用成岩	基质内溶孔和构造微裂缝

1. 爆发相

研究区广泛发育火山爆发相，其岩石类型为火山角砾岩，常堆积于火山口附近。火山角砾岩由角砾及角砾间充填物组成，主要发育溶孔、砾间孔、裂缝等孔隙类型。由于火山角砾岩多为近火山口的产物，多于火山爆发早期及高潮期形成，岩浆喷发强烈，火山角砾搭成岩石格架，格架内部充填火山灰等细粒物质，部分未充满火山灰的格架则容易形成砾间孔。由于火山角砾岩原始孔隙度较高，地质演化过程中各类流体在其内流通性较好，流体易对原始矿物（尤其是角砾间基质）进行溶蚀，故火山角砾岩内溶孔较发育。溶孔内易再次发生溶蚀作用形成沸石、石英、方解石等多期矿物充填序列。火山角砾岩多为火山物质喷发至空中再下落堆积而成，成岩物质在空气中经历快速冷凝，火山角砾内多发育原生炸裂缝。又因火山角砾与角砾间的火山灰等充填物存在较大的刚性差，在成岩后的构造变动过程中，易于火山角砾内形成次生裂缝。

由于火山爆发相（火山角砾岩）原生孔隙、原生裂缝、次生溶孔及次生裂缝均较发育，岩石孔隙度较高，孔隙间连通性较好，故火山爆发相的储集性能良好，油气显示活跃。

2. 溢流相

研究区发育火山溢流相，其岩石类型为玄武岩、安山岩。溢流相多形成于火山喷发旋回的中期，以火山强烈爆发之后出现为主，是相对黏稠的熔浆在由地壳高压作用下喷出地表，其在后续喷出物推动和自身重力的共同作用下沿着地表流动。在流动过程中，熔岩流的顶部、底部及前缘冷却较快，多形成气孔状熔岩，故火山溢流相发育一定的原生气孔。在熔岩流的内部，熔浆冷却较慢，晶体结晶充分，多形成自形晶粒状矿物。晶粒状矿物有序度高，后期流体易沿其解理缝等薄弱面发生溶蚀作用形成晶内溶孔。玄武岩、安山岩等溢流相岩石在后期构造活动过程中同样受构造应力作用的影响，在岩石内部易形成构造微裂缝以消减岩石应力，故溢流相内存在次生裂缝。

火山溢流相（玄武岩、安山岩）存在原生孔、晶内溶孔及次生微裂缝。次生微裂缝作为重要的流体运移、储层通道，其提高了流体的渗透能力且连通原生孔洞，故次生微裂缝是火山溢流相重要的孔隙类型。火山溢流相具有一定的储集空间，但其储集性能劣于火山爆发相，油气显示一般。

3. 火山沉积相

研究区发育火山沉积相，其岩石类型为凝灰岩。火山沉积相多形成于火山喷发的低潮期—间隙期，是粒度小于2mm的岩屑、晶屑和玻屑等火山灰在天空中经历长距离飘浮后于远离火山口堆积而成。由于凝灰岩粒度较细，颗粒表面积较大，以及玻屑不稳定，所以容易遭受次生变化，故火山沉积相存在基质内溶孔。凝灰岩也受后期构造活动影响，形成构造微裂缝。构造微裂缝对致密凝灰岩的流体跨层运移起着决定性作用。

火山沉积相存在基质内溶孔与构造微裂缝。构造微裂缝是火山沉积相储集空间发育的决定性因素。火山沉积相储集性能劣于火山爆发相与溢流相，油气显示较差。

研究区火山岩储层孔隙发育特征表明，火山岩爆发相、溢流相、沉积相储集性能由好变差，钻井和录井油气显示由好变差。

二、溶蚀作用的影响

火山岩依靠岩浆冷却成岩，成岩后孔隙流体在稳定环境下逐渐沉淀、结晶出石英、方解石、绿泥石、沸石等矿物，矿物充填于原生孔隙与裂缝中降低了储层储集能力。由图2-19a、b见火山角砾岩内发育自形晶粒方解石，火山角砾间原生成分应为火山灰，火山灰发生第一期溶蚀后充填自形方解石，方解石再发生二次溶蚀并沉淀第二期方解石；第二期方解石又被第三期方解石切过；第四期溶蚀发育于第四期方解石晶间，形成晶内孔并充填原油。安山岩、凝灰岩原始结构致密，由图2-19c、d知致密凝灰岩内发育溶孔与溶缝，溶缝内充填暗色沥青。

溶蚀作用是研究区一种重要的成岩后生作用，溶蚀作用的发育提高了岩石的储集空间和渗透能力。各储集空间的充填物内或充填物边缘多受后期流体的再次溶蚀作用形成晶内溶孔、晶间溶孔、砾内溶孔和砾间溶孔，溶蚀孔内多见油气显示。

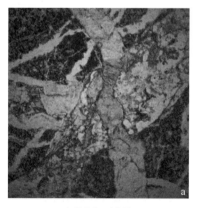 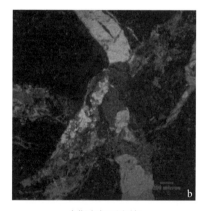

多期方解石充填	多期方解石充填
HQ6井，140.0m，单偏光	HQ6井，140.0m，正交偏光

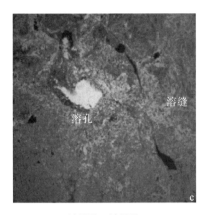
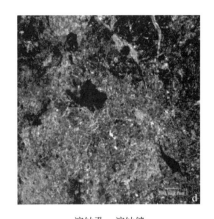

溶蚀孔、溶蚀缝　　　　　　　　　　　　　溶蚀孔、溶蚀缝

HQ6 井，300.9m，单偏光　　　　　　　　HQ6 井，300.90m，正交偏光

图 2-19　研究区火山岩储层裂缝的多期次溶蚀充填

三、构造活动的影响

构造断裂是岩浆上升的通道，构造活动控制火山喷发与火山岩平面分布。除此之外，构造作用形成的裂缝是地质流体在火山岩体内渗流的有利通道，使地质流体与火山岩体之间能够顺畅地发生物质交换，为次生成岩作用的进行提供了基础。构造裂缝发育的火山岩次生成岩作用也较发育。研究区内所观察到的火山岩保留下来的构造裂缝中经常可以区分出多期成岩作用，主要表现为不同期次的充填-溶蚀作用的叠加。

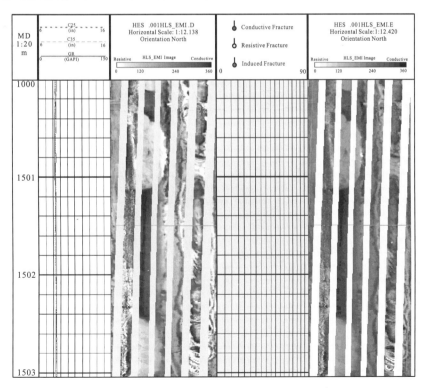

图 2-20　HQ6 井 XRMI 溶蚀孔洞成像特征图(1149~1153m)

　　由于研究区内的构造演化过程复杂，且经历了多期次的构造运动，形成复杂的断裂系统，以及形成了众多的派生裂缝系统；区内的钻井揭示：石炭系主要为火山岩，主要包括安山岩、凝灰岩、玄武岩和火山角砾岩等；而二叠系为主要泥岩、砂质泥岩、安山岩等；岩性的差异和复杂的构造演化过程导致其裂缝的发育特征有明显差异。宏观上，由 XRMI 溶蚀孔洞成像图及部分钻井取心可知，构造作用在岩体内发育高角度裂缝（70°～80°）和低角度斜交缝（30°～45°），顺裂缝井壁成像颜色为暗黑色，表明裂缝作为高导层，其内多充填油气等低阻流体，即裂缝是一种良好的流体运移、储集空间（图 2-20）。

　　微观上，通过对研究区火山岩的岩心和薄片观察中极易发现，裂缝多切过原本独立存在的、互不连通的或连通性很差的火山岩原生孔洞与次生溶孔，从而提高了火山岩的孔隙度和渗透性（图 2-21）。另外，裂缝是深部流体向浅部渗流的通道，而流体可溶蚀孔隙充填物以扩大裂缝宽度改善储层，两者形成良性循环。

闪长玢岩中构造裂缝
HS1 井，2553.00m

油斑泥岩中构造裂缝
HS1 井，2094.70m，正交偏光

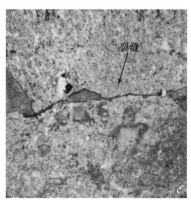

含油气裂缝沟通原始孔洞
HQ6 井，814.10m，单偏光

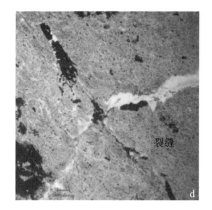

裂缝增加岩石孔隙度
HQ6 井，302.81m，单偏光

图 2-21　裂缝对石炭系火山岩储层的改造作用

第三章　油源对比分析与运移路径示踪

火成岩本身不具备生油生气的能力，故形成火成岩油气藏的首要条件是油源条件，火成岩必须要与烃源岩伴生或者紧邻生油凹陷才能形成大规模的油气藏。准噶尔盆地西北缘存在石炭系、二叠系、三叠系以及侏罗系等多套烃源岩(丁安娜等，1994；王振奇等，2008)，其中二叠系是主要的源岩层系，目前新疆油田公司在准噶尔盆地西北缘已发现克拉玛依、乌尔禾、风城、夏子街等多个以二叠系为源岩的油气田(张善文，2013)。

哈山地区位于盆地北缘哈拉阿拉特山地区逆掩构造带，位于玛湖凹陷的北缘，为玛湖生烃中心所生成油气运聚的重要指向区，属环玛湖油气系统的主要组成部分(张善文，2013；李广龙，2013)。中石化胜利油田在该区早期的勘探主要以浅层超剥带为主攻方向，发现了春晖油田、阿拉德油田，并提出了网毯式的油气成藏理论(王圣柱等，2014)。随着哈浅6井，HS1井在推覆体中深层钻遇了二叠系风城组暗色泥岩并压裂获得低产中质油流以及在推覆体石炭系火山岩见大段的油气显示，越来越多的学者开始关注推覆体下部的二叠系烃源岩对研究区油气成藏的贡献以及推覆带的油气成藏模式(张善文，2013；王圣柱等，2014；胡杨和夏斌，2012)，精细的油源对比分析显得尤为重要。

本章旨在对研究区不同构造带烃源岩和原油的地球化学特征进行梳理和系统比较，在此基础上确定哈山地区不同层系的油气来源；建立研究区的油气输导体系，并对油气运移路径进行地球化学示踪，以期能建立油气成藏模式、分析油气分布规律提供有力的依据，为哈山地区油气勘探与有利区带预测提供借鉴。

第一节　烃源岩地球化学

一、烃源岩评价标准

有机质丰度是评价烃源岩生烃能力的重要参数之一，决定了烃源岩生烃物质基础的多少。烃源岩有机质丰度评价一般是通过测定有机碳含量、氯仿沥青"A"、总烃含量以及岩石热解参数 S_1+S_2 来定量估算。我国对陆相烃源岩研究工作最为深入，国内研究者们开展了大量的工作，已形成较为规范的评价标准，其中秦建中所提出的评价指标在国内应用最为广泛(秦建中等，2005)，因此本书采用该评价指标对哈山地区陆相烃源岩的有机质丰度进行评价(表3-1)。

有机质类型是评价烃源岩生烃潜力的一项重要工作，有机质类型不同的烃源岩，其生烃潜力、成烃类型、门限温度都有一定的差异。对烃源岩有机质类型的鉴别和评价，可以从可溶有机质(沥青)和不溶有机质(干酪根)相结合的分析方法对烃源岩有机质类型进行评价，常用的研究方法有元素分析、光学分析、红外光谱及岩石热解分析等。

表 3-1　我国陆相湖泊泥质烃源岩有机质丰度评价标准（秦建中等，2005）

演化阶段	烃源岩级别＼评价参数	富烃源岩或很好烃源岩	好烃源岩	中等烃源岩	差烃源岩	非烃源岩
未成熟－成熟	TOC/%	>2.0（Ⅰ-Ⅱ₁） >4.0（Ⅱ₂-Ⅲ）	1.0~2.0（Ⅰ-Ⅱ₁） 2.5~4.0（Ⅱ₂-Ⅲ）	0.5~1.0（Ⅰ-Ⅱ₁） 1.0~2.5（Ⅱ₂-Ⅲ）	0.3~0.5（Ⅰ-Ⅱ₁） 0.5~1.0（Ⅱ₂-Ⅲ）	<0.3（Ⅰ-Ⅱ₁） <0.5（Ⅱ₂-Ⅲ）
	氯仿沥青"A"/%	>0.25	0.15~0.25	0.05~0.15	0.03~0.05	<0.0.3
	总烃(HC)/(μg/g)	>1000	500~1000	1.50~500	50~150	<50
	S_1+S_2/(mg/g)	>10	5.0~10	2.0~5.0	0.5~2.0	<50
高成熟－过成熟	TOC/%	>1.2（Ⅰ-Ⅱ₁） >3.0（Ⅱ₂-Ⅲ）	0.8~1.2（Ⅰ-Ⅱ₁） 1.5~3.0（Ⅱ₂-Ⅲ）	0.40~0.8（Ⅰ-Ⅱ₁） 0.6~1.5（Ⅱ₂-Ⅲ）	0.2~0.40（Ⅰ-Ⅱ₁） 0.35~0.6（Ⅱ₂-Ⅲ）	<0.20（Ⅰ-Ⅱ₁） <0.35（Ⅱ₂-Ⅲ）

烃源岩有机质成熟度是衡量烃源岩实际生烃能力的重要指标之一，是评价一个地区或某一烃源岩系生烃量及资源前景的重要依据。近年来，国内外围绕这一主题提出了较多的方法和指标，常用的成熟度指标包括：镜质体反射率(R_o)、岩石最大热解峰温(T_{max})、S_1/S_1+S_2、干酪根 H/C 原子比、岩石可溶有机质含量、生物标志物参数等。其中，镜质体反射率效果最好，其次为热解峰温 T_{max}，其他参数一般作为辅助指标(见表 3-2)。

表 3-2　我国烃源岩的 T_{max}（℃）值范围（邬立言等，1986）

热演化阶段		未成熟	生油	凝析油	湿气	干气
镜质组反射率 R_o/%		<0.5	0.5~1.3	1.0~1.5	1.3~2	>2
T_{max}/℃	Ⅰ类有机质	<437	437~460	450~465	460~490	>490
	Ⅱ类有机质	<435	435~455	447~460	455~490	>490
	Ⅲ类有机质	<432	432~460	445~470	460~505	>505

二、烃源岩评价

由于哈山地区地层埋藏较浅，只取到二叠系烃源岩样品，侏罗系和三叠系烃源岩样品取自相邻的石西凹陷 Y1 井。Y1 井完钻井深 2800m，烃源岩地化分析样品涵盖了白垩系吐谷鲁群至上三叠统白碱滩组地层，为烃源岩评价提供了较丰富的原始资料。

1. 侏罗系烃源岩

从 Y1 井钻井揭露情况来看，下侏罗统八道湾组和三工河组、中侏罗统西山窑组暗色泥岩相对较发育，暗色泥岩所占比例基本都在 40% 以上，而中侏罗统头屯河组暗色泥岩不发育。煤层主要发育于下侏罗统八道湾组及中侏罗统西山窑组，以西山窑组发育厚度较大，累计厚度为 11m，八道湾组煤层累计厚度为 5m(图 3-1)。

英 1 井侏罗系西山窑组及三工河组暗色泥岩有机碳含量一般在 0.5% 左右，岩石热解生烃潜量一般都在 2mg/g 以下。西山窑组 1800~1844m 井段暗色泥岩平均有机碳含量为 0.49%，热解生烃潜量(S_1+S_2)平均为 1.78mg/g；三工河组 1896~2007m 井段暗色泥岩平均有机碳含量为 0.42%，岩石热解生烃潜量(S_1+S_2)平均为 1.21mg/g，这两段暗色泥岩基本上为较差烃源岩，其余为非烃源岩。侏罗系八道湾组 2318～2423m 井段暗色泥岩有机碳含量一般均在 0.5% 以上，最高达 3.47%，生烃潜量(S_1+S_2)一般都在 2～3.5mg/g，有机质丰度基本达到了较好烃源岩评价标准，有机质类型主要为 Ⅱ-Ⅲ 型。

Y1 井侏罗系西山窑组、八道湾组煤及暗色泥岩镜质体反射率 R_o 值为 0.48%～0.585%，一般为 0.5% 左右，表明该井所揭露的侏罗系暗色泥岩有机质均处于未熟－低熟演化阶段，烃源岩还没有达到生烃高峰期。由于 Y1 井处于盆地边缘凸起上，因而侏罗系暗色泥岩的绝对厚度比盆地中部小(玛湖凹陷侏罗系八道湾组暗色泥岩最大厚度在 400m 左右)，推测向玛湖凹陷中部，由于沉积环境较为有利，烃源岩的厚度及有机质丰度应该更好。相应地，随着埋深的增加，对沉积有机质向烃类的转化也更为有利。

2. 三叠系烃源岩

Y1 井上三叠统白碱滩组 2519～2571m 井段暗色泥岩有机碳含量一般在 0.5% 以上，最高达 1.57%，岩石热解生烃潜量(S_1+S_2)一般都在 1～2mg/g，最高达 5.4mg/g，有机质丰度基本达到了较差烃源岩评价标准，有机质类型主要为 Ⅱ-Ⅲ 型。

Y1 井上三叠统白碱滩组所分析的 7 块暗色泥岩样品中，2486.28m、2487.58m 及 2489.25m 三块岩心样品岩石有机碳含量在 0.18%～0.34%，有机质丰度较低，为非烃源岩，2529～2571m 井段所分析的 4 块岩屑样品，有机碳含量在 1.08%～2.72%，平均为 1.64%，达到了好烃源岩评价标准，这一结果同地化录井所显示的该段岩石较高的有机质丰度也相吻合(图 3-1)。

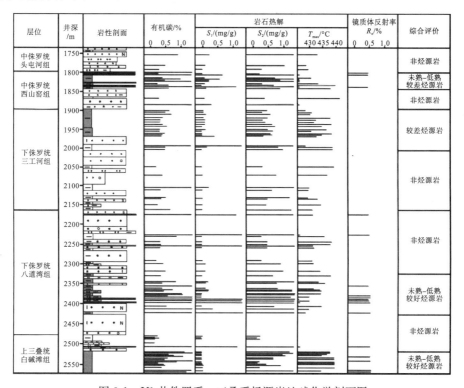

图 3-1　Y1 井侏罗系—三叠系烃源岩地球化学剖面图

从成熟度上来看，Y1 井上三叠统白碱滩组 R_o 为 $0.54\%\sim0.58\%$，处于低熟阶段。据前人研究结果表明，三叠系白碱滩组的生油量、排油量均较小，对于哈山地区的远距离运移来说难以形成工业聚集(王国林等，1989)。

3. 二叠系风城组烃源岩

下二叠统风城组(P_1f)是准噶尔盆地西北缘目前已证实的重要烃源岩，在玛湖凹陷中分布广泛且厚度巨大，岩性主要为黑灰色泥岩。玛湖凹陷风城组分布面积 $6340km^2$，最大沉积厚度约 $1800m$、体积约 $7608km^3$。玛湖凹陷内下二叠统风城组烃源岩有机碳值平均为 1.26%、氯仿沥青 "A" 为 $1493ppm$、总烃含量 $820ppm$、生烃潜量 S_1+S_2 为 $7.3mg/g$。干酪根类型以 I 型为主，R_o 为 $0.85\%\sim1.16\%$，处于成熟阶段，是一套较好—好的烃源岩。

据哈山地区风城组烃源岩样品的分析结果表明，其有机碳含量为 $0.29\%\sim5.35\%$，平均为 1.35%；氯仿沥青 "A" 含量 $0.0178\%\sim0.7525\%$，平均为 0.226%；生烃潜量 S_1+S_2 为 $1.29\sim17.7mg/g$，平均 $5.60mg/g$。可以看出，哈山地区下二叠统风城组烃源岩有机质丰度较高，为好的烃源岩。

烃源岩显微组分腐泥组占优势，壳质组发育，惰性组含量很低(表 3-3)；干酪根 H/C 比值平均为 1.17，氯仿沥青 "A" 及干酪根碳同位素值较轻，$\delta^{13}C$ 为 $-28.72\%_0\sim-31.95\%_0$，平均 $-30.0\%_0$，以 I-II$_1$ 型干酪根为主。

玛湖凹陷钻井烃源岩实测 R_o 为 $0.75\%\sim2.02\%$，哈山推覆带 HQ6 等井烃源岩实测 R_o 为 $0.75\%\sim0.94\%$，平均为 0.85%，处于成熟生油阶段。

表 3-3 HQ6 井风城组泥岩干酪根显微组分鉴定及类型划分

井段/m	岩性	腐泥组/%	壳质组/%	镜质组/%	惰质组/%	类型	类型指数
1410~1425	灰色泥岩	88	0.7	10	1.3	II$_1$	79.5
1450~1460	灰色泥岩	83	0	14	3	II$_1$	69.5
1494~1502	灰色泥岩	92.3	1.7	5.3	0.7	I	88.5
1560~1600	灰色泥岩	92.3	1.3	5.7	0.7	I	88.1
1600~1630	灰色泥岩	86	3.3	9.7	1	II$_1$	79.4
1630~1660	灰色泥岩	89.7	2.3	7.3	0.7	I	84.7

4. 二叠系乌尔禾组烃源岩

乌尔禾组(P_2w)烃源岩也是准噶尔盆地内的一套优质烃源岩，岩性主要为暗色泥岩、粉砂质泥岩。烃源岩样品的分析结果表明，其有机碳含量为 $0.5\%\sim1.5\%$，平均为 1.01%。氯仿沥青 "A" 平均含量为 0.283%，生烃潜量 S_1+S_2 平均值为 $0.28mg/g$，热解生烃潜力较低。氯仿沥青 "A" $\delta^{13}C$ 分布在 $-29.5\%_0\sim-26.4\%_0$，平均值为 $-27.9\%_0$；干酪根 $\delta^{13}C$ 为 $-22.0\%_0\sim-20.0\%_0$，平均值为 $-21.1\%_0$，其有机质类型以 III 型为主，其次为 II$_2$ 型。玛湖凹陷钻井烃源岩实测 R_o 分布在 $0.51\%\sim1.86\%$，处于成熟—高成熟阶段。

5. 石炭系烃源岩

就钻井而言，研究区受冲断推覆构造带影响，HQ6井、HQ4井、HS1井等钻井均钻遇石炭残余地层，石炭系地层主要岩性为褐色、灰色凝灰岩及火山角砾岩，未发现烃源岩。

石炭系露头分布面积很广，在哈拉阿拉特山剖面、布尔津南剖面、托斯特东南剖面、白杨镇北剖面等均发现了石炭系剖面(图3-2)及石炭系泥岩，岩性主要是灰－灰黑色灰色粉砂质泥岩。

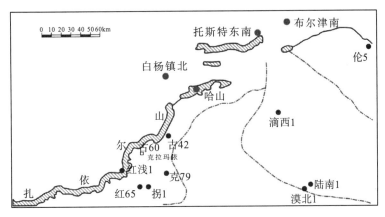

图 3-2　哈山地区石炭系露头位置

哈山剖面位于乌尔禾东北方向沿217国道约20km处(图3-3)，上部为阿蜡德依克赛组，厚度为1300m，岩性为灰－灰黑色凝灰质砂岩、凝灰质粉砂岩与细砂岩、灰黑色粉砂质泥岩。下部哈拉阿拉特组发育灰绿色－灰色火山角砾岩、凝灰质角砾岩与灰绿色、灰绿色安山岩、安山玄武岩。烃源岩段主要发育在上部阿蜡德依克赛组，厚度达到700～800m，由于烃源岩抗风化能力较差，形成了地势较低的河谷，长期受水流冲刷的影响，露头呈片状。哈拉阿拉特组主要岩性为灰绿色、灰色火山岩，未见泥岩。

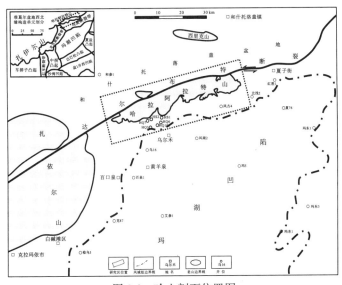

图 3-3　哈山剖面位置图

哈山及哈山中段剖面露头样品岩性主要为黑色粉砂质泥岩，有机质丰度较低，TOC分布范围为 0.18%～0.71%，平均值为 0.41%；氯仿沥青"A"介于 0.0035%～0.0082%；"S_1+S_2"介于 0.01～0.05mg/g；T_{max}分布范围为 424～501℃；哈山中段露头样品有机质丰度相对较高，TOC分布范围为 0.11%～1.44%，平均值为 0.88%；氯仿沥青"A"介于 0.0016%～0.0030%；"S_1+S_2"介于 0.01～0.05mg/g；T_{max}分布范围为 416～543℃，综合认为哈山剖面有机质丰度较差（表 3-4）。

白杨镇剖面露头样品岩性主要为黑色粉砂质泥岩，有机质丰度较低，TOC分布范围为 0.18%～0.61%，平均值为 0.4%；氯仿沥青"A"介于 0.0019%～0.0045%；"S_1+S_2"介于 0.01～0.03mg/g，平均 0.02mg/g；T_{max}分布范围为 399～494℃，白杨镇剖面有机质丰度较差（表 3-4）。

表 3-4　哈山地区石炭系剖面有机地化数据表

剖面位置	层位	岩性	值域	TOC/%	S_1+S_2/(mg/g)	T_{max}/℃	有机质类型	R_o/%
哈山	C_2a	灰黑色粉砂质泥岩	区间值	0.18～0.71	0.01～0.05	424～501	II_1、III	2.56～3.06
			平均值	0.41	0.028	463		2.79
哈山中段	C_2a	灰黑色粉砂质泥岩	区间值	0.17～1.44	0.02～0.08	416～543	II_1、III	1.22～1.78
			平均值	0.88	0.038	490		1.46
白杨镇北	C_1n	灰黑色粉砂质泥岩	区间值	0.18～0.61	0.01～0.03	399～494	I、III	0.92～2.35
			平均值	0.4	0.02	440		1.53
托斯特东南	C_1h	煤层	区间值	0.25～15.2	0.01～0.17	498～543	I、III	1.69～3.20
			平均值	5.79	0.08	519		2.16
布尔津南	C_2q	灰黑色粉砂质泥岩	区间值	0.27～1.21	0.02～0.04	464～542	II_1、III	1.36～1.42
			平均值	0.81	0.03	500		1.39

托斯特东南剖面露头样品岩性主要为煤、黑色粉砂质泥岩，有机质丰度较高，TOC分布范围为 0.25%～15.2%，平均值为 5.79%；氯仿沥青"A"介于 0.0022%～0.0508%，平均 0.023%；"S_1+S_2"介于 0.01～0.17mg/g，平均 0.08 mg/g；T_{max}分布范围为 498～543℃，托斯特东南剖面有机质丰度较好（表 3-4）。

布尔津南剖面露头样品岩性主要为黑色粉砂质泥岩，有机质丰度较低，TOC分布范围为 0.27%～1.21%，平均值为 0.81%；氯仿沥青"A"介于 0.0014%～0.0023%；"S_1+S_2"介于 0.02～0.04mg/g，平均 0.023mg/g；T_{max}分布范围为 462～542℃（表 3-4），布尔津南剖面石炭系烃源岩有机质丰度较差。

对于有机质类型而言，哈山地区石炭系烃源岩有机质类型表现出多样性，I 型、II 型、III 型烃源岩均有发育，并处于高－过成熟阶段（表 3-4）。据哈山地区地表岩石包裹体以及周边地区甾萜生标化合物资料分析结果（何登发等，2010a、b），石炭系烃源岩在二叠纪应处于大量生油阶段，已发生过油气生成及运聚过程，但由于该时期构造活动比较剧烈，油气聚集保存条件较差，油气难以富集成藏。并且石炭系与二叠系烃源岩存在较大的成熟度差异，说明在二叠系沉积前石炭系烃源岩已经达到高－过成熟阶段，这对于石炭系生成油气的聚集成藏是不利的。

三、烃源岩的生物标志化合物

1. 侏罗系烃源岩

侏岁系八道湾组煤系泥岩正构烷烃碳数分布范围为 $nC_{11} \sim nC_{32}$，主峰碳偏后，主要为 nC_{23}、nC_{25}，奇偶优势明显，OEP 普遍大于 1.50，表明其生烃母质以陆生高等植物为主，Pr/Ph 介于 3~11，缺乏胡萝卜烷，这与成煤早期环境的偏氧化性有关（王国林等，1989；何登发等，2010a、b）。

三环萜烷丰度较低，碳数为 $C_{20} > C_{21} > C_{23}$ 的下降型分布，Ts 相对丰度明显低于 Tm，伽马蜡烷含量较低，表明母源的沉积水体盐度较低。规则甾烷 $\alpha\alpha\alpha 20RC_{27}$、$C_{28}$、$C_{29}$ 呈 $C_{27} < C_{28} \ll C_{29}$ 的反 "L" 形，或呈 "V" 形分布，$\alpha\alpha\alpha 20RC_{29}$ 甾烷略占优势，有机质输入以陆源高等植物为主（图 3-4）。

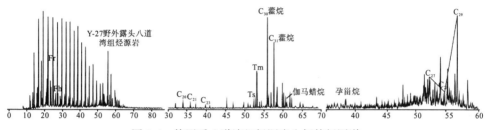

图 3-4　侏罗系八道湾组烃源岩生标特征图谱

2. 二叠系风城组烃源岩

二叠系风城组烃源岩正构烷烃保存较为完整（图 3-5），类异戊间二烯烷烃（姥鲛烷和植烷等）含量较高，表现为植烷占优势的特征，其 Pr/Ph 为 0.27~1.28，平均为 0.60，表明烃源岩形成于高盐度缺氧的还原环境。较高含量的 β-胡萝卜烷则表明烃源岩有机质输入与光合细菌的色素生源有关，其主要形成于还原环境（Jiang and Fowler，1986，Peters et al.，1993），沉积速率相对较快，有利于有机质的保存。

风城组烃源岩萜烷和甾烷生标特征表现为：伽马蜡烷含量较高，伽马蜡烷指数（伽马蜡烷/C_{30} 藿烷值）为 0.11~0.64，平均值为 0.31，反映半咸水－咸水沉积环境。三环二萜烷含量较高，C_{20}、C_{21} 和 C_{23} 呈依次上升型分布，Ts 含量甚微或检测不出该化合物（图 3-1）；规规则甾烷 $\alpha\alpha\alpha 20RC_{27} \ll \alpha\alpha\alpha 20RC_{28} < \alpha\alpha\alpha 20RC_{29}$，呈上升型分布，其含量分别为 3.2%~20.9%、30.7%~43.7% 和 42.7%~56.2%，表明有机质来源于菌藻类等低等水生生物。HQ6 等井烃源岩样品硼元素含量为 68.9~202.4ppm，Sr/Ba 值为 0.93~1.45，上述指标均表明了烃源岩强还原咸水湖相母源特征，综合风城组烃源岩为一套较好－好烃源岩。

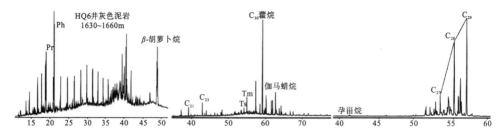

图 3-5　HQ6 井风城组烃源岩生物标志化合物特征谱图

3. 二叠系乌尔禾组烃源岩

乌尔禾组烃源岩饱和烃气相色谱类异戊间二烯烷烃类化合物丰度较低，Pr/Ph 值平均为 1.23，表现为姥鲛烷优势，微含 β-胡萝卜烷(图 3-6)。

乌尔禾组烃源岩的萜烷和甾烷谱图特征表明，三环二萜烷以 C_{23} 为主峰，18α(H)-22，29，30-三降藿烷(Ts)含量较低，伽马蜡烷含量较低。规则甾烷 C_{27}、C_{28} 和 C_{29} 丰度呈上升型分布，$ααα$20R 甾烷 C_{27}/C_{29} 为 0.3～0.8，$ααα$20R 甾烷 C_{28}/C_{29} 为 0.3～0.9；哈深斜 1 井微量元素分析结果中，硼元素的含量为 16.52～46.05ppm，Sr/Ba 值为 0.69～0.96，反映出烃源岩形成于淡水、弱氧化-弱还原的湖相沉积环境。

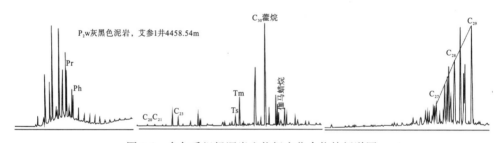

图 3-6　乌尔禾组烃源岩生物标志化合物特征谱图

4. 石炭系烃源岩

石炭系烃源岩的生标特征可分为以下两种类型。

第 Ⅰ 类烃源岩生标特征与二叠系烃源岩相似，含有丰富的 β-胡萝卜烷；Ts<Tm，三环萜烷和伽马蜡烷含量较高；规则甾烷 $ααα$20RC_{27}、$ααα$20RC_{28} 和 $ααα$20RC_{29} 丰度以 C_{28} 和 C_{29} 丰度占优势，C_{28} 略低于 C_{29}，C_{27} 相对丰度很低(图 3-7a)。

第 Ⅱ 类烃源岩饱和烃中不含 β-胡萝卜烷系列化合物，正构烷烃大部分以 C_{23} 以前的低碳数为主。Pr/Ph 值为 0.41～0.63，有明显的植烷优势。含有较丰富的长链三环萜烷，伽马蜡烷丰度变化较大，伽马蜡烷/C_{30}藿烷为 0.17～0.50，说明水体盐度是动荡不断变化的。规则甾烷 $ααα$20RC_{27}、$ααα$20RC_{28} 和 $ααα$20RC_{29} 呈"V"字形分布，C_{29}>C_{27}>C_{28}，反映出原始母质为混合型有机质的特征(田金强等，2011)，具有一定含量的 4-甲基甾烷，甲藻甾烷也普遍存在(图 3-7b)。

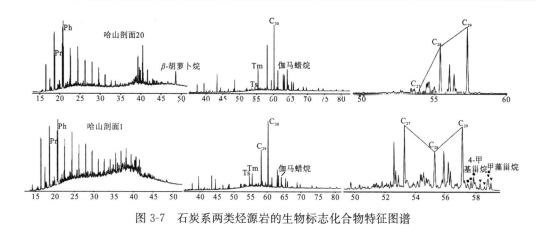

图 3-7　石炭系两类烃源岩的生物标志化合物特征图谱

第二节　原油地球化学特征与油源对比分析

一、原油物性特征

　　原油物性是原油化学组成的宏观反映，就哈山地区而言，不同层系原油物性的差异较大。根据原油密度、黏度等划分标准，研究区存在中质油、普通稠油、超稠油和特稠油。

　　浅层超剥带原油埋深一般为 100~600m，以特稠油、超稠油为主，具有"四高两低"的特点，即高密度、高黏度、高凝固点、低含蜡量、低含硫量（表 3-5）。由于原油遭受生物降解和氧化作用，酸值为 0.39~7.84mgKOH/g，平均为 3.45mgKOH/g，属高酸值原油。逆冲推覆带原油埋深一般为 500~2800m，原油品质相对较好，主要为普通稠油和中质原油，其中风城组原油属低含硫、低凝固点中质油（表 3-5）。整体而言，含蜡量随原油类型不同而发生变化，浅部生物降解原油的含蜡量较低，而深部正常原油的含蜡量较高。平面上，原油密度和黏度具有"北高南低、西高东低"的特点；纵向上，随着埋藏深度的减小，原油物性呈变差趋势，密度、黏度、凝固点增大。

表 3-5　哈山地区不同地质单元原油物性参数表

地质单元	密度 20℃ /(g/cm³)	黏度 80℃ /(mPa·s)	含硫量/%	含蜡量/%	凝固点/℃
超剥带 K、J、T	0.9535~1.0104 0.9769(37)	3919~68485 10995(37)	0.15~0.51 0.38(5)	0.82~3.4 1.36(13)	12~51 38(25)
逆冲推覆带 P、C	0.8927~0.9139 0.9048(6)	58.7~476 263.3(6)	0.24~0.38 0.28(5)	3.27~10 6.59(4)	−2~−12 −6.4(5)

　　注：横线上方为数字区间范围，横线下方为平均值及样品个数

二、原油地化特征与油源分析

1. 原油族组成

　　原油族组成是原油来源、运移、散失与保存条件等因素的综合反映，在各种条件相近时，族组成可以在一定程度上反映其来源，同一来源的原油其族组成应该相似，不同

来源的原油其族组成应该有所差别。

哈山地区原油族组分具有"三低两高"的特点，即低饱芳比（0.947～4.027）、低饱和烃、低芳烃，高非烃和沥青质。原油密度、黏度与非烃、沥青质含量具有较好的正相关关系。整体上，随着油藏埋深变浅，饱和烃含量呈下降趋势，而非烃和沥青质相对含量增加。饱和烃碳同位素值 $\delta^{13}C$ 为 $-32.3‰\sim-28.1‰$，平均为 $-30.28‰$；芳烃碳同位素值 $\delta^{13}C$ 为 $-31.0‰\sim-28.1‰$，平均为 $-29.25‰$；非烃碳同位素值 $\delta^{13}C$ 为 $-30.4‰\sim-27.4‰$，平均为 $-28.94‰$；沥青质碳同位素值 $\delta^{13}C$ 为 $-29.8‰\sim-27.4‰$，平均为 $-28.65‰$，反映出其母源有机质来源于菌藻类低等水生生物，具有腐泥型母质特征。

2. 原油的生物标志化合物

1）侏罗系原油

侏罗系原油遭受生物降解严重，正构烷烃损失严重，根据原油萜烷和甾烷的生物标志化合物特征的差异可以将侏罗系原油分为两种类型，油源对比表明，它们具有不同来源的烃源层。

第 I 类原油甾烷/藿烷比值较高，0.83～1.34，Ts/Tm 比值偏低，低于 0.30，三环萜烷 C_{19}、C_{20}、C_{23} 呈上升型分布。重排甾烷、4-甲基甾烷不发育，伽马蜡烷十分丰富，伽马蜡烷/C_{30} 藿烷大于 0.40，指示了半咸化－咸化的沉积环境。规则甾烷 $\alpha\alpha\alpha20RC_{27}$、$\alpha\alpha\alpha20RC_{28}$ 和 $\alpha\alpha\alpha20RC_{29}$ 以 C_{28} 和 C_{29} 甾烷占绝对优势，C_{27} 甾烷含量很低，相对含量分布在 10% 以下（表 3-6、图 3-8a）。该类原油生标特征与二叠系风城组烃源岩有很好的对比性，表明其来源于二叠系风城组烃源岩。

第 II 类原油甾烷/藿烷比值偏低为 0.28，Ts/Tm 较高为 0.81。含有少量的重排甾烷，$C_{29}>C_{28}>C_{27}$，呈反"L"形分布，但 C_{27} 含量为 21%（表 3-6、图 3-8b），以上特征均与二叠系烃源岩存在一定的区别，表明该类原油可能混有部分主要来源于侏罗系暗色泥岩生成的原油。

2）二叠系原油

二叠系原油饱和烃正烷烃主峰碳为 C_{17}、C_{23}，以 C_{28} 以前的低碳数为主，说明生源中高等植物的贡献较小。Pr/C_{17} 和 Ph/C_{18} 均大于 1，且 Pr/Ph<1，含有丰富的 β-胡萝卜烷，源岩沉积于较为还原的环境。

二叠系原油含有较多的三环萜烷，三环萜烷/藿烷在 0.11～0.41，并且 C_{23} 大于 C_{21}，伽马蜡烷含量较高，伽马蜡烷/C_{30} 藿烷大于 0.21，Ts<Tm。规则甾烷以低 C_{27} 甾烷、高 C_{28} 甾烷和 C_{29} 甾烷近"厂"字形分布为显著特征，C_{27} 含量很低，相对含量分布在 10% 以下（表 3-6、图 3-8c）。重排甾烷和 4-甲基甾烷不发育，$\alpha\alpha\alpha C_{29}$ 甾烷 20S/(20S+20R)、C_{29} 甾烷 $\beta\beta/(\alpha\alpha+\beta\beta)$ 成熟度分别为 0.18～0.29、0.17～0.27，成熟度不高，处于低成熟阶段。油源对比表明，该类原油来源于二叠系风城组烃源岩。

3）石炭系原油

石炭系储层原油正构烷烃已被细菌等微生物消耗殆尽，类异戊二烯烷烃也明显降低。而甾烷、萜烷、伽马蜡烷和 β-胡萝卜烷等较耐降解的化合物丰度升高，但没有检测出 25-降藿烷系列，降解的级别属于轻微到中等降解程度。

含有一定量的三环萜烷，三环萜烷/藿烷在0.26~0.34，并且C_{23}大于C_{21}，伽马蜡烷含量较高，伽马蜡烷/C_{30}藿烷在0.34~0.83。规则甾烷$\alpha\alpha\alpha20RC_{27}$、$\alpha\alpha\alpha20RC_{28}$和$\alpha\alpha\alpha20RC_{29}$以呈近"厂"字形分布为显著特征，$C_{27}$含量很低，相对含量分布在10%以下。$\alpha\alpha\alpha C_{29}$甾烷$20S/(20S+20R)$，$C_{29}$甾烷$\beta\beta/(\alpha\alpha+\beta\beta)$成熟度分别为0.27~0.39，0.32~0.36，处于成熟阶段（图3-8d，表3-6），该类原油生标特征与二叠系烃源岩具有可对比性。

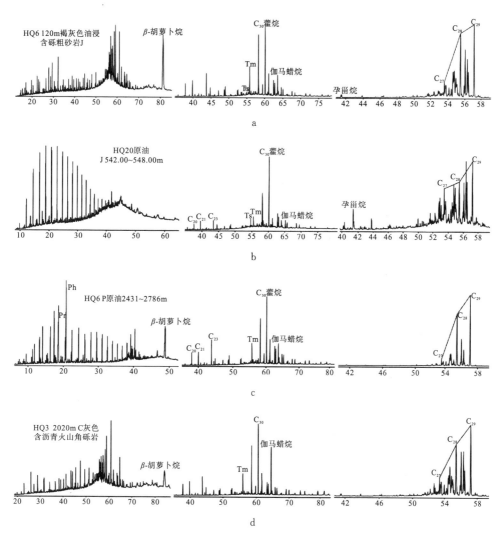

图3-8 哈山地区原油/油砂总离子流（TIC）、萜烷（m/z191）、甾烷（m/z217）特征谱图

表3-6 哈山地区原油生物标志化合物参数统计表

井号	层位	$C_{29}S$/(S+R)	$C_{29}\beta\beta$/$\sum C_{29}$	C_{27}	C_{28}	C_{29}	γ蜡烷/$C_{30}\alpha\beta$	三环/五环萜烷	甾烷/藿烷	Ts/Tm
HQ6	J油砂	0.41	0.37	7	44	48	0.62	0.55	1.34	0.18
HQ6	J油砂	0.38	0.33	6	46	48	0.42	0.33	0.90	0.10
HQ6	J油砂	0.38	0.32	7	46	47	0.39	0.32	0.83	0.10

续表

井号	层位	$C_{29}S$ /(S+R)	$C_{29}\beta\beta$ /$\sum C_{29}$	C_{27}	C_{28}	C_{29}	γ 蜡烷 /$C_{30}\alpha\beta$	三环 /五环萜烷	甾烷 /藿烷	Ts/Tm
HS3	J 沥青	0.38	0.44	21	38	41	0.40	0.57	0.50	0.30
HQ20	J 原油	0.38	0.51	22	35	43	0.12	0.20	0.28	0.81
HQ6	P	0.18	0.27	13	39	48	0.21	0.15	0.89	0.26
HQ6	P	0.24	0.20	3	46	51	0.37	0.11	6.99	0.21
HQ6	P	0.27	0.18	3	47	50	0.38	0.29	3.48	0.10
HQ6	P	0.27	0.17	3	48	50	0.48	0.41	4.50	0.07
HS1	P	0.29	0.18	3	46	51	0.63	0.34	4.18	0.13
HQ6	C	0.39	0.32	8	46	46	0.49	0.33	0.58	0.10
HQ6	C	0.39	0.33	7	46	47	0.35	0.32	1.39	0.12
HQ6	C	0.38	0.33	6	47	47	0.34	0.34	1.62	0.11
HQ102	C	0.27	0.23	5	43	52	0.83	0.32	1.07	0.09
HQ3	C	0.37	0.36	8	44	49	0.82	0.26	0.55	0.09

3. 油源对比分析

从烃源岩和原油的生物标志化合物特征上来看,哈山地区原油与风城组烃源岩有很强的可对比性,可以认为哈山地区原油主要来自风城组烃源岩。但不同层系原油的成熟度特征存在明显区别,推覆体石炭系和风城组的原油成熟度明显低于浅层超剥带侏罗系、白垩系原油的成熟度(图3-4),说明哈山地区逆冲推覆带内的原油与浅层超剥带内的原油的油源有所差异。为了进一步确认油源,本书对玛湖凹陷和哈山地区烃源岩的生物标志化合物特征进行了精细的对比分析。

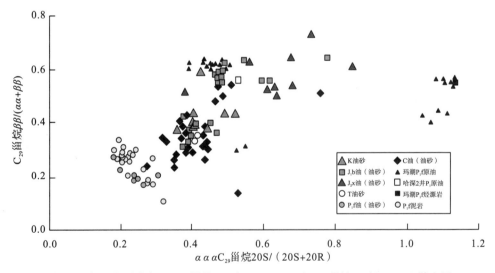

图 3-9 哈山地区原油 $\alpha\alpha\alpha C_{29}$ 甾烷 20S/(20S+20R)和 C_{29} 甾烷 $\beta\beta/(\beta\beta+\alpha\alpha)$ 散点图

ETR 指数［ETR＝(C_{28}三环萜烷＋C_{29}三环萜烷)/(C_{28}三环萜烷＋C_{29}三环萜烷＋Ts)］最早由 Holba 提出，并作为年代学参数用来区分来源于三叠系和侏罗系的烃源岩的原油，该参数一经提出就引起了学者们的关注(田金强等，2011；Ohm et al.，2008)。郝芳等人对渤海湾盆地渤中凹陷和准噶尔盆地湖相烃源岩的研究发现 ETR 与伽马蜡烷/C_{30}藿烷、升藿烷指数等具有良好的正相关性，而与 Pr/Ph 负相关，可以认为在湖泊沉积环境中 ETR 指数可以用来反映沉积介质条件(Hao et al.，2009)。而 HHI 升藿烷指数，常用来反映沉积环境，高的升藿烷指数 $C_{35}/\sum(C_{31}-C_{35})$ 被认为是海相沉积环境和内陆咸化湖相沉积环境的标志(段毅等，2010)。

从 ETR 指数与 HHI 升藿烷指数相关图可以看出，哈山地区风城组烃源岩具有低 ETR(0.50~0.90)与低 HHI(<0.08)的特点，而玛湖凹陷烃源岩具有高 ETR (0.90~0.98)和高 HHI(>0.75)的特点(图 3-10a、b)，表明前者较后者沉积时的水体要浅，盐度也较低。同时深水体和高盐度环境也会抑制某些异构单体之间的转化，如 Tm 向 Ts 和莫烷向藿烷转化，这使得玛湖凹陷成熟度参数 Ts/(Ts＋Tm)、C_{29}莫烷/C_{29}藿烷、C_{30}莫烷/C_{30}藿烷比值比哈山地区要小 (图 3-10b、c)。

从原油与烃源岩对比情况来看，玛湖凹陷二叠系原油、哈山地区浅层超剥带侏罗系、白垩系的原油与玛湖凹陷风城组烃源岩相关性较好，其主要来自玛湖凹陷风城组烃源岩；而哈山推覆体二叠系和石炭系原油主要来源于哈山地区推覆体下部风城组的烃源岩，部分原油样品混有来自玛湖凹陷烃源岩所生成的原油。

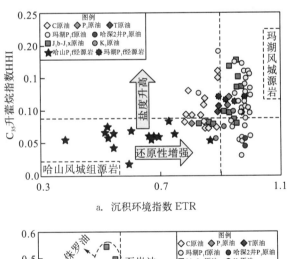

a.　沉积环境指数 ETR

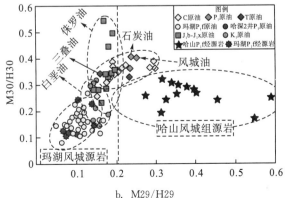

b.　M29/H29

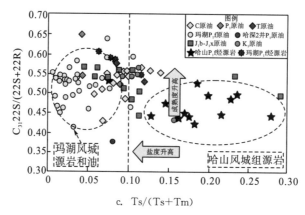

图 3-10　玛湖凹陷与哈山推覆体烃源岩、原油生标参数相关关系图

第三节　原油输导体系及运移路径示踪

对于大型油气藏的油气运移规律一直是人们探索的课题，而近年来随着原油中含氮化合物等技术的发展与完善，从技术上保证了人们对油气运移信息的深入了解。在梳理油气输导体系特征及发展演化的基础上，利用指示油气运移的参数对运移路径进行示踪，对于总结油气分布规律与有利勘探目标优选有着重要的意义。

一、原油输导体系

1. 哈山西地区

在晚二叠纪哈山逆冲推覆作用之前，上二叠统和下二叠统风城组埋藏较浅（埋深在 2000~2500m），根据乌夏地区储层物性与埋深的关系，该时期储层孔隙度为 10%~15%，具有较好的储集物性。该时期形成的冲断断层起到了垂向输导作用，运移至砂体后沿砂体横向运移，主要表现为 T 型输导模式（图 3-11）。

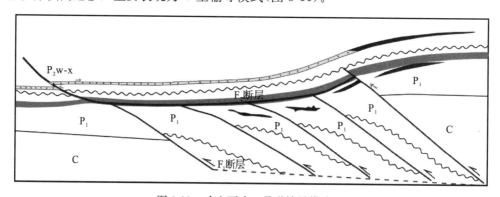

图 3-11　哈山西晚二叠世输导模式图

哈山西二叠纪末逆冲推覆作用强烈，外来推覆系统为石炭系火成岩和准原地系统云质岩，受构造改造作用影响，断裂非常发育，并且遭受长期的风化淋滤改造，烃源岩在推覆体下部，油气沿逆冲断层、微裂缝（溶蚀缝）双重通道呈"树状不规则运移"

（图 3-12）。三叠系、侏罗系和白垩系超覆沉积于哈山推覆体之上，发育多套厚层毯状砂层，与研究区南部乌夏断裂带油源断层形成"断－毯输导格架"。

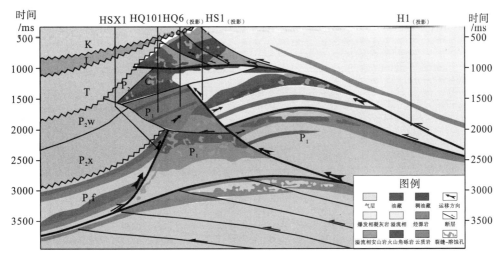

图 3-12 哈山西地区油气输导模式图

2. 哈山东地区

二叠系—三叠系沉积期，哈山东地区受哈山逆冲推覆作用明显变弱，主要表现为多期冲断断层后展式分布，二叠系地层表现为阶梯式分布的特征。该时期埋藏深度一般为1500～2000m，砂体具有较好的物性，断层与砂体可形成阶梯式输导模式（图 3-13）。

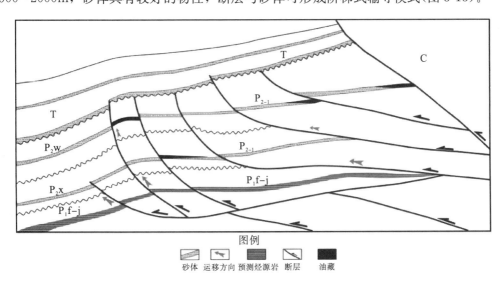

图 3-13 哈山东地区三叠系沉积期阶梯状输导模式图

三叠纪末期构造挤压对哈山东地区影响较大，使得三叠系及其之前的地层强烈变形，形成一系列断层相关褶皱，使得三叠系、上二叠统砂体在剖面上呈现凹凸分布或残留分布的特征，砂体横向输导能力减弱，主要表现为局部横向输导。浅部侏罗系、白垩系地层构造变形较弱，以整体构造沉降为特征，表现为斜坡构造背景，砂体具有良好的输导能力。晚侏罗世、晚白垩世，夏红南、乌兰林格等断层复活，断层具有较好的垂向输导作用。另外，从目前钻井揭示的油气分布特征分析，X9-X22-X48-Q5-Q2 井和 X59-X24 井油气主要沿夏红南和乌兰林格断层走向近断裂带分布（图 3-14），在一定程度上反映出断层的横向输导作用。哈山东地区深浅不同层系具有不同的输导特征，浅部为断−毯输导，深部断层以垂向和侧向输导为主，砂体横向输导受到一定限制（图 3-15）。

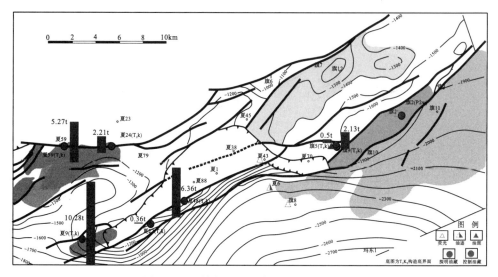

图 3-14　红旗坝地区油气沿断层分布特征

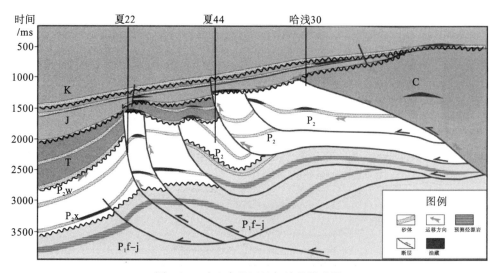

图 3-15　哈山东地区油气输导模式图

总体来看，哈山东地区受哈山推覆作用构造强度、方式的不同，在不同构造部位形成不同的构造变形响应模式，进而控制了油气在不同时期、不同部位的输导方式及输导配置样式。哈山构造带在二叠纪晚期强烈逆冲之前，砂体具有较好的横向输导能力，断层与砂体配置形成 T 型输导格架。侏罗系沉积前哈山基本定型之后，深浅由于地质结构的差异，形成两种油气输导模式，受构造改造影响，深部断裂发育，砂体横向输导能力有限，主要表现为断裂输导；浅部稳定分布砂体与断层形成断-毯输导格架。输导模式的差异，造成研究区不同区带油气聚集的差异。

二、原油运移路径示踪

为了进一步落实哈山地区油气优势运移路径，从区域角度入手，以已发现的油藏为研究对象，以有机地球化学分析为手段，根据原油含氮化合物及生物标志化合物等在运移过程中的地质色层效应原理，即分子结构差异，对油气运移路径进行追踪识别。

原油中的含氮化合物呈微量分布，但由于含氮化合物的特殊性质（如极性），使其与水、固体有机质、岩石矿物直接产生强烈的相互作用，从而其分布、组成特征和丰度变化成为油源示踪的重要依据（Ohm et al.，2008）。目前，含氮化合物的研究主要侧重于吡咯类含氮化合物，并且在我国陆相含油气盆地油气运移研究中取得了较好的应用效果。咔唑是吡咯类含氮化合物的一种，存在于非烃组分中，常用来指示特定区带或油田内部的油气运移方向。含有氮原子杂环的咔唑类分子具有较强的极性，通过氮原子上键合的氢原子与地层中的有机质或黏土矿物上的负电性原子（如氧原子）构成氢键，使得部分咔唑类分子滞留于输导层或储层中，从而在油气运移途中出现咔唑类的地色层分馏效应（Dorbon et al.，1984；Li et al.，1995；郑有恒等，2004；韩立国，2006），表现为随运移距离增大，①咔唑绝对浓度降低；②烷基咔唑相对于烷基苯并咔唑富集；③屏蔽型咔唑（1,8-二甲基咔唑，1,8-DMC）相对于半遮蔽型咔唑（C-1 和 C-8 仅有一个烷基取代基，如 1-甲基咔唑、1,3-二甲基咔唑等）以及裸露型咔唑（如 2,7-二甲基咔唑，2,7-DMC）富集。

从原油的生物标志化合物特征来看，哈山西地区目前揭示不同层系的原油运移方式存在明显差异，J_1b、J_2x 和 K 原油运移距离远大于 C、P 原油（图 3-9）。根据研究区的地质背景，三叠系和侏罗系沉积前研究区分别经历了长期的剥蚀夷平过程，三叠系底和侏罗系底不整合风化壳泥岩广泛发育，上三叠统白碱滩组发育厚层湖相泥岩，同时八道湾组不整合底砾岩近物源快速堆积，物性条件差，三者共同配置把超剥带与逆冲推覆带分割开来，同时 HQ6、HS1 等井钻探揭示距外来推覆系统石炭系（C）顶部不整合面 13～75m 范围内普遍存在风化硬壳，储集物性较差，基本无油气显示，超剥带原油向逆冲推覆带"倒灌"的概率较小。

另外，不同单元原油的含氮化合物参数指标存在明显差异，超剥带内的原油屏蔽型咔唑与裸露型咔唑的比值 1,8-DMC/2,7-DMC 以及屏蔽型咔唑与半遮蔽型咔唑的比值 1,8-DMC/1,5-DMC 均高于逆冲推覆带内的原油，同样说明了超剥带内的原油经历了长距离的运移（图 3-16），超剥带和逆冲推覆带属于不同的油气运移输导系统。

超剥带内原油运移示踪：超剥带整体表现为宽缓的斜坡构造背景，发育了下白垩统清水河组（K_1q）、中侏罗统西山窑组（J_2x）和下侏罗统八道湾组（J_1b）区域稳定分布的厚层毯状高效输导砂体，其下倾部位与南部的乌夏断裂带油源断层配置，形成了油气运移的良好运移的"断-毯"输导格架，使得玛湖凹陷烃源岩生成的油气通过油源断裂-毯砂-次级断裂-毯砂"接力式"输导，造就了超剥带 K_1q、J_2x 和 J_1b 三个富含油层系（图 3-17）。

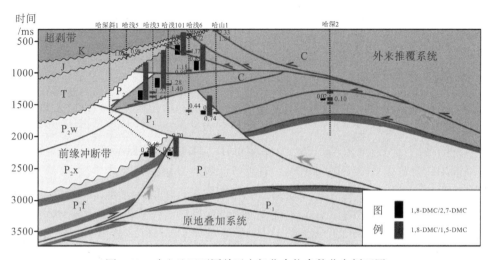

图 3-16　哈山地区不同单元含氮化合物参数分布剖面图

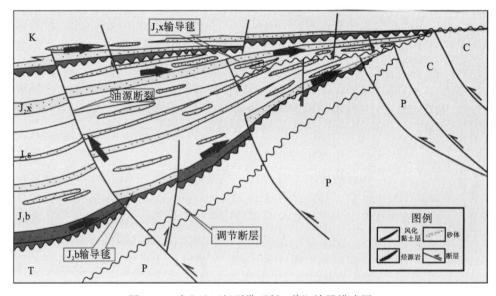

图 3-17　哈山地区超剥带"断-毯"输导模式图

　　为了进一步研究原油在超剥带中高效输导砂体中的运移路径,利用原油生标参数和含氮化合物参数对哈山地区侏罗系八道湾组和西山窑组原油运移特征进行了追踪分析,可以看出,原油主要来自南部的玛湖凹陷,原油在平面上油气具有沿构造脊(砂脊)优势运移的特征(图 3-18)。

　　推覆带原油运移示踪:对于逆冲推覆带而言,其表现为多期的逆冲推覆叠加和多期叠瓦冲断,地质结构复杂。逆冲推覆带逆冲断层和冲断断层发育,推测其可以为油气运移提供通道。由 F3 断裂带包裹体类型、荧光和均一温度分析,表明 F3 断裂长期活动,裂缝脉体捕获了多期次的油气包裹体。针对逆冲推覆体的哈浅 6 井含油井段(60.1~2786m 井段 26 块次)进行了系统地化分析,也反映油气运移的多项地化参数由深部向浅部呈规律性变化:规则甾烷/17-α 藿烷值由 3.39→2.64→1.58→1.41→0.62,$\alpha\alpha\alpha C_{29}$20S/(20S+20R)值由 0.20→0.25→0.37→0.39→0.41,三环萜烷/17-α 藿烷值由 0.05→0.10

→0.15→0.31→0.33，（孕甾烷＋升孕甾烷）/C_{29}甾烷值由 0.004→0.011→0.018→0.020
→0.043，均表明断裂是油气垂向运移的重要通道(图 3-19)。

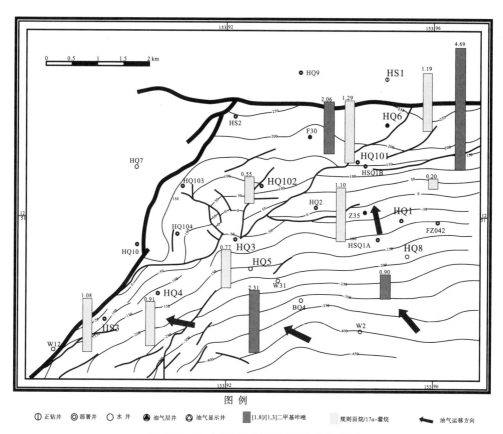

图 3-18 哈山西地区油气运移变化趋势图

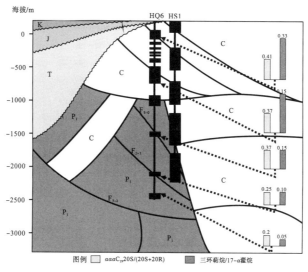

图 3-19 哈山西 F3 断裂带油气垂向变化参数剖面图

第四章 储层裂缝的发育特征

裂缝是火山岩裂缝型油气藏重要的运移通道和储集空间。裂缝按照成因可分为两种类型：构造裂缝和非构造裂缝。其中构造裂缝是构造应力作用的直接产物。同一地区不同地质时期的构造运动具有各自独立的构造应力性质，这也就导致了不同构造时期所形成的断裂和构造裂缝在产状方面存在差异。哈山地区位于准噶尔盆地西北缘山前冲断带，伴随区内多期构造挤压推覆活动，石炭－二叠系广泛发育断裂及构造裂缝。正是哈山地区不同应力性质的构造活动的多期叠加，导致了区内构造裂缝产状复杂化。然而仅仅利用单一的研究手段将很难对一个地区构造裂缝的整体发育特征展开全面且深入的研究。因此，采用多技术手段综合分析的方法（例如钻井岩心的观察、成像测井裂缝识别以及裂缝充填物的地化分析等）有助于理清区内构造裂缝的产状、发育时期及与油气成藏的关系，为油气勘探提供借鉴和指导。

第一节 岩心裂缝发育特征

通过对哈山地区 8 口钻井（HS1、HS2、HQ3、HQ4、HQ6、HQ7、HQ101、HQ102）的岩心进行观察，发现石炭－二叠系未充填裂缝倾角较大（图 4-1）。同时二叠系还发育有充填程度高的网状缝，以上裂缝发育特征是哈山地区经历了多期强烈构造运动的直接表现。

平直的高角度裂缝，泥岩   晚期高角度裂缝，缝面平直，泥岩
HS1 井，2099.70m   HQ101 井，2237.75m

图 4-1 哈山地区岩心裂缝典型特征

一、取心段裂缝的识别与统计

构造裂缝是在一定的构造应力下形成的，然而不同期次的构造运动所伴生的构造裂缝的产状和形态是存在差异的。哈山地区在地质历史时期经历了多期的强烈构造活动，该地区地震剖面显示石炭系、二叠系发育多条的逆断层，由于断层活动的时期、强度的不同，导致现今石炭－二叠地层中出现的多期构造裂缝存在较为明显的相互交错切割关

系(图 4-2），它们所具有的倾角也具有一定的差异性。一般认为相同期次构造活动形成的裂缝具有相似的产状特征，因此可以通过研究地层中发育的构造裂缝的不同倾角特征来分析裂缝形成和发育期次。

通过研究区内已有钻井的岩心裂缝观察发现，高角度裂缝和垂直裂缝所占的比例较大，低角度裂缝和水平裂缝所占比例较小，另外还存在一定数量的网状裂缝。其中高角度裂缝和垂直裂缝在各井岩心中均可见，其中尤以 HS1、HQ6、HQ101 最为典型。

两期构造裂缝发育　　　　　　　　晚期高角度缝切割早期网状缝

HS1 井，2096.40~2097.40m　　　　　HQ101 井，2237.59m

图 4-2　研究区构造裂缝切割关系

岩心裂缝统计结果(图 4-3)显示，HS1 井和 HQ3 井、HQ101 井以高角度斜交缝为主；HS2 井、HQ6 井以低角度裂缝为主；总体来说，哈山地区构造裂缝在石炭系、二叠系的各种岩性中均有发育，构造裂缝主要以高角度裂缝和垂直裂缝为主，辅以低角度裂缝和水平裂缝，并在局部高角度裂缝和垂直裂缝发育的井段伴生一定数量的网状裂缝。

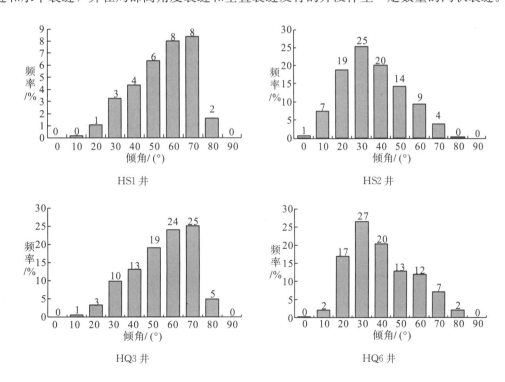

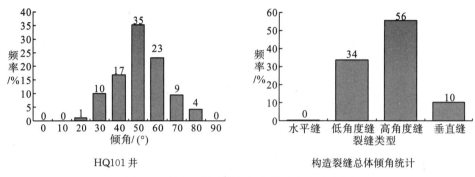

图 4-3   研究区构造裂缝倾角分布频率直方图

二、取心段裂缝的充填特征

通常岩层中存在的裂缝都有不同程度的充填，对它进行必要的观察和描述对于认识裂缝的成因、形成期次及其对油气运聚的有效性有着重要作用。通过对哈山地区 8 口钻井的岩心观察和描述，发现岩心上的构造裂缝都有不同程度的充填(表 4-1)，整体上裂缝的有效性一般，部分构造裂缝充填方解石脉，未被充填的高角度裂缝或垂直裂缝中充填原油或沥青，并存在方解石的溶蚀现象，溶蚀后的孔隙处一般充填有沥青。

表 4-1   研究区石炭系地层裂缝充填情况

井号	裂缝充填情况
HS1	绝大部分充填方解石，部分含有原油和沥青
HS2	方解石、石英
HQ101	充填方解石，含有沥青和原油
HQ102	充填方解石，含有沥青和原油
HQ3	充填方解石、石英，部分充填原油和沥青
HQ4	充填方解石，部分充填石英
HQ6	绝大部分充填方解石，部分含有原油和沥青
HQ7	充填方解石

通过大量的岩心观察和对比，发现不同产状的构造裂缝的充填程度存在明显的差异性。网状构造裂缝、低角度构造裂缝及个别宽度较窄的高角度构造裂缝几乎被方解石脉全充填(图 4-4a、b、c)，而裂缝宽度较宽的高角度构造裂缝和垂直构造裂缝充填程度低，主要是未充填或被方解石脉半充填，并且局部可见方解石脉存在一定的溶蚀现象(图 4-4d)，这些充填程度较低的高角度裂缝或垂直裂缝所处的岩心段往往具有较好的油气显示(图 4-4e、f)，表明这类构造裂缝有效性较好。

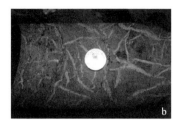

晚期缝中充填的方解石脉被溶蚀　　　网状裂缝被方解石脉全充填　　　垂直裂缝中半充填方解石脉
HS1 井，2096.40～2097.40m　　　　HS1 井，2153.7m　　　　HQ6 井，255.50m

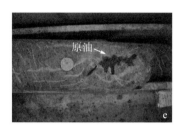

高角度缝中方解石脉溶蚀处充填原油　　高角度缝中充填原油　　　高角度缝中充填原油
HS1 井，2099m　　　　HS1 井，2152.50～2154.21m　　　HQ101 井，1737.70m

图 4-4　哈山地区石炭系—二叠系钻井岩心中裂缝充填特征

第二节　裂缝的成像测井响应

　　成像测井是根据钻孔中地球物理场的观测，对井壁和井周围物体进行物理参数成像的方法。广义地说，成像测井应包括井壁成像、井边成像和井间成像。通过成像测井得到的图像可以直观地反映地下裂缝和溶孔等的发育情况，因此成像测井技术的出现为评价特殊油气储集空间带来了极大的方便（陆敬安等，2004）。成像测井技术是一种应用最新电子技术和计算机技术的先进测井技术，其数据采集具有分别率高的特点（张守谦等，1997）。目前世界上主流的成像测井仪有：斯伦贝谢 MAXIS500、哈里伯顿 EXCELL-2000、阿特拉斯 ECLIPS-5700 等。哈山地区石炭—二叠系储层成像测井施工主要采用的是阿特拉斯公司 ECLIPS-5700 型测井系统，获得了 HQ3、HQ6、HQ101、HS1、HS2 等井的高分辨率 XRMI 图像。

　　根据裂缝的成因机制及开启程度的分类，通常将成像测井解释的裂缝分为三种类型：高导缝、高阻缝以及诱导缝。哈山地区 5 口典型钻井（HS1、HS2、HQ3、HQ6、HQ101)的成像测井资料和岩心描述对比表明，不同裂缝类型在成像测井上具有不同的显示特征。哈山地区处于乌夏断裂带的山前冲断带，区内石炭系火山岩、二叠系碎屑岩构造裂缝普遍发育，主要是高角度裂缝，伴有垂直裂缝，辅以低角度裂缝和网状裂缝。成像测井记录的裂缝产状与实际的取心段岩心观察结果基本上保持一致。需要说明的是，成像测井图的色彩变化更多的是反映井壁四周地层岩性和物性等变化，与实际岩层的岩性并不能一一对应。本次讨论的主要是天然构造裂缝，需要排除岩层界面和钻井诱导缝的干扰，因此对成像测井裂缝统计时未将此纳入统计。

　　(1)高导缝在成像测井图上呈黑色高电导异常，特征主要表现为类似正弦曲线的暗色条纹(图 4-5);当高导缝较发育时,可以表现为多组似正弦的暗色条纹;裂缝还能切割任何介质,可以形成相互交叉的裂缝组合。

(2)高阻缝 当裂缝被方解石、石英等矿物充填时一般呈现亮色高电阻率异常(图 4-6),当地层发生错断时,若断裂带被高阻矿物充填,则表现为高阻亮色团块状。

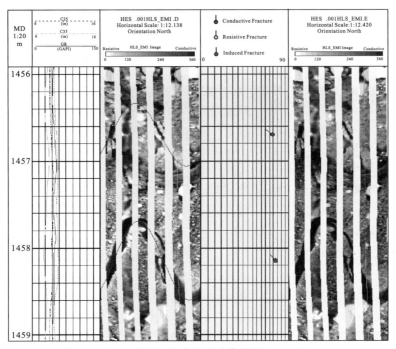

图 4-5 HQ6 井 XRMI 高导缝成像特征(154~2800m)

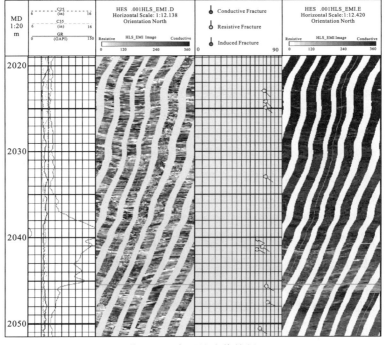

图 4-6 HQ6 井 XRMI 高阻缝成像特征(154~2800m)

（3）诱导缝是在钻井过程中产生的裂缝，呈羽状，钻井诱导裂缝最大的特点就是沿着井壁对称方向出现，图4-7中诱导缝的走向能很好地反映现今最大水平应力的方向。

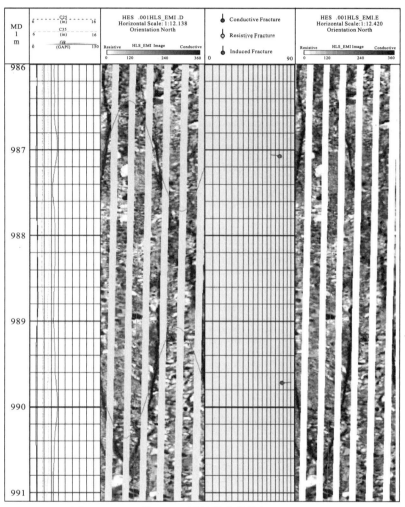

图4-7　HQ6 井 XRMI 诱导缝成像特征（986～991m）

一、钻井裂缝的成像测井响应

1. HS1 井

1）裂缝发育特征

HS1 井 XRMI 图像中裂缝主要有高导缝、诱导缝、高阻缝。

高导缝在电成像图上裂缝特征都表现为低阻暗色的正弦条纹曲线，沿裂缝常常有溶蚀现象发育，在成果图上以红色的蝌蚪表示（如图4-8），从裂缝产状统计图上可以看出，本井高导缝主要为中高角度裂缝，高导缝倾角12°～80°，倾向以南东为主，走向为北东—南西向。

钻井诱导缝是钻井过程产生的裂缝，呈羽状，钻井诱导缝的最大特点是沿井壁对称方向出现（如图4-9），诱导缝的走向能很好地反映现今最大水平应力的方向；诱导缝倾角50°～88°，倾向北西向，走向北东—南西向。

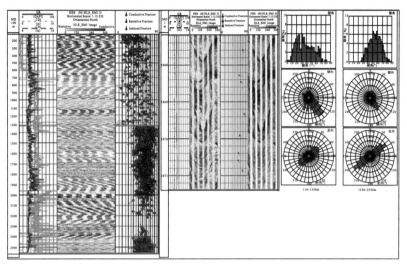

图 4-8　HS1 井 XRMI 高导缝成像特征，分布及产状统计(114～2554m)

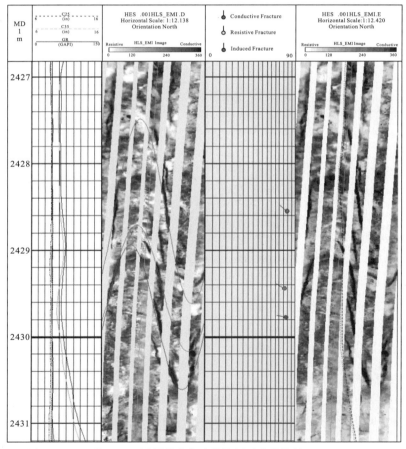

图 4-9　HS1 井 XRMI 诱导缝发育成像特征及产状统计(2427～2431m)

高阻缝为闭合缝或充填缝，在成像图上表现为亮黄色或白色的正弦线，常是前期裂缝为后期胶结物充填或闭合(见图 4-10)，依据产状统计，高阻缝倾角 14°～70°，倾向杂乱，走向杂乱。

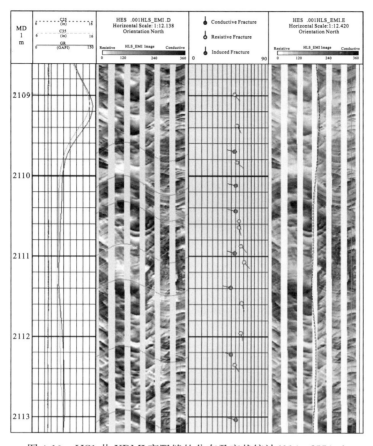

图 4-10 HS1 井 XRMI 高阻缝的分布及产状统计(114~2554m)

2)高导缝参数定量计算

高导缝的裂缝参数计算是在统计窗长内进行裂缝视参数的连续统计。定量计算基于实验及数学模拟得出的经验公式:

$$W = aAR_{XO}^b R_M^{(1-b)}$$

其中:W 为裂缝宽度;

A 为由裂缝造成的电导异常的面积;

R_{XO} 为地层电导率(一般情况下是侵入带电阻率);

R_M 为泥浆电阻率;

a,b 为与仪器有关的常数,其中 b 接近于零;

A,R_{XO} 都是基于标定到浅侧向电阻 LLS 后的图像计算的。

裂缝孔隙度为

$$VPA = \sum W_i L_i / (L \pi D)$$

其中:VPA 为裂缝孔隙度;

W_i 为第 i 条裂缝的平均宽度;

L_i 为第 i 条裂缝在统计窗长 L 内(一般 L 选为 1m 或者 0.6096m)的长度;

D 为井径。

定量计算可得到高导缝的如下视裂缝参数：

(1)裂缝密度(FVDC)：为每米井段所见到的裂缝总条数；

(2)裂缝长度(FVTL)：为每平方米井壁所见到的裂缝长度之和；

(3)裂缝水动力宽度(FVA)：为裂缝轨迹宽度的立方之和开立方；

(4)裂缝孔隙度(FVPA)：为每米井段上裂缝在井壁上所占面积与成像测井覆盖井壁的面积之比。

HS1井的裂缝参数定量计算结果表明，测量的两段成像统计结果分别为：井段114～1336m，裂缝长度<3.2m/m²，平均1.9m/m²；裂缝水动力宽度<140 μm，平均96 μm；裂缝视孔隙度<0.005%，平均0.00195%；井段1336～2554m，裂缝长度<6m/m²，平均2.6m/m²；裂缝水动力宽度<120 μm，平均63.8 μm；裂缝视孔隙度<0.005%，平均0.0019%。该本井储层主要以溶蚀-孔隙型为主。

2. HS2井

1)裂缝发育特征

HS2井图像中裂缝主要有高导缝、高阻缝和诱导缝：

高导缝在电成像图上裂缝特征都表现为低阻暗色的正弦条纹曲线，沿裂缝常常有溶蚀现象发育，在成果图上以蝌蚪表示(图4-11)。

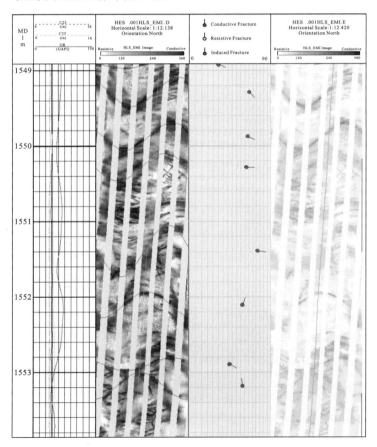

图4-11　HS2井高导缝成像测井图像特征(1549～1553m)

高阻缝为闭合缝或充填缝，在成像图上表现为正弦线（图 4-12），通常是前期裂缝为后期胶结物充填或闭合。

统计表明，高导缝主要为中高角度裂缝，裂缝张开度较大，倾角集中在 20°～80°，倾向以南南东为主，走向为北东东－南西西向（图 4-13）。高阻缝角度在 10°～80°，倾向主要为南南东、北西和北北东，走向为北东－南西、北西西－南东东、北东东－南西西（图 4-14）。

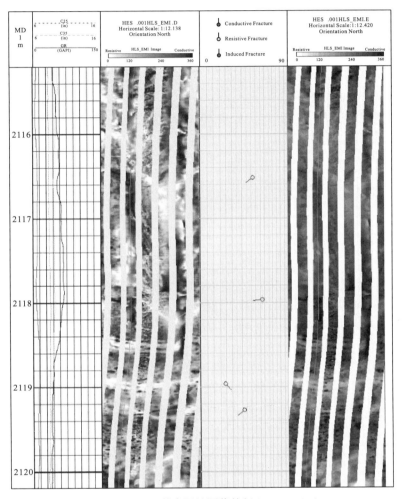

图 4-12　HS2 井高阻缝图像特征（391～396m）

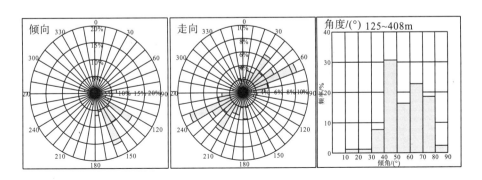

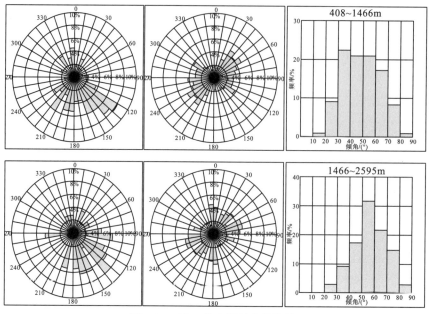

图 4-13　HS2 井高导缝产状统计

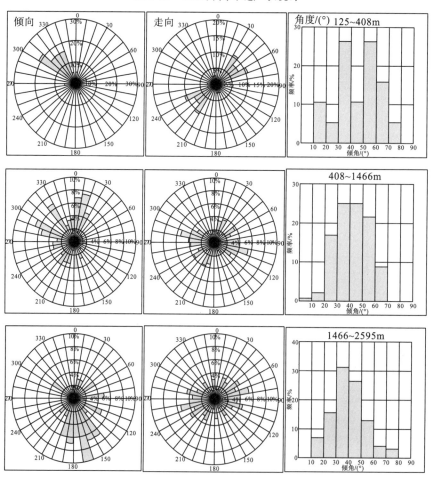

图 4-14　HS2 井高阻缝产状统计

2)高导缝参数定量计算

裂缝参数定量计算结果表明(图 4-15、图 4-16)，HS2 井裂缝长度<5.722m/m²，平均 1.652m/m²；裂缝水动力宽度<0.304mm，平均 0.120mm；裂缝视孔隙度<1.304%，平均 0.165%。结合常规分析，在多数物性较好的井段处，井眼均有不同程度的扩径，成像效果较差，裂缝等地质特征模糊不清，推测本井储层多以溶蚀或孔隙性为主。

3. HQ6 井

1)裂缝发育特征

HQ6 井 XRMI 图像中裂缝主要有高导缝、高阻缝和诱导缝：

钻井诱导缝是钻井过程产生的裂缝，呈羽状，钻井诱导缝的最大特点是沿井壁对称方向出现(如图 4-17)，诱导缝的走向能很好地反映现今最大水平应力的方向；本井仅拾取了 3 条诱导缝，倾角 60°~80°，倾向北西西向，走向北北东－南南西向。

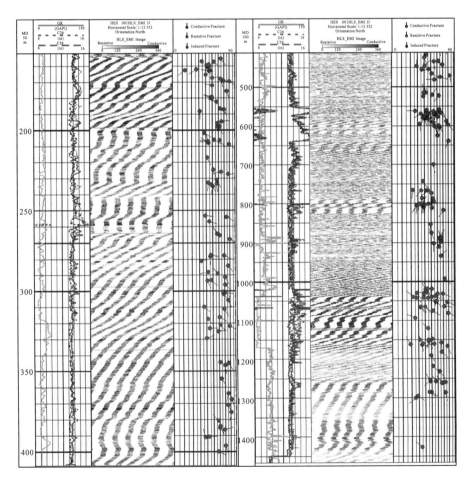

图 4-15　HS2 井裂缝参数计算结果(152~408m；408~1466m)

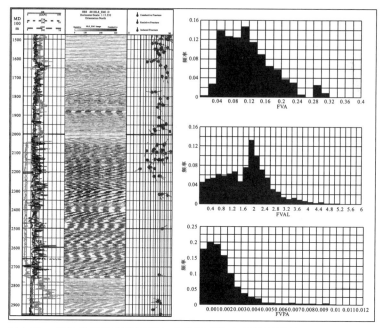

图 4-16　HS2 井裂缝参数计算与全井段裂缝参数统计结果(1466~2959m)

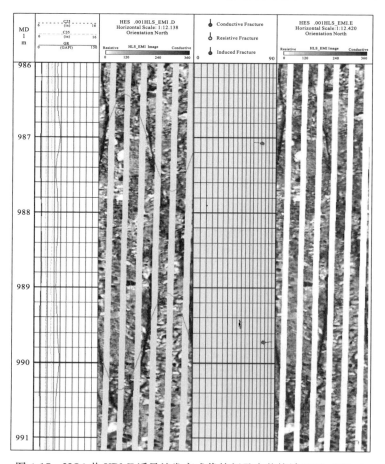

图 4-17　HQ6 井 XRMI 诱导缝发育成像特征及产状统计(986~991m)

高导缝在电成像图上裂缝特征都表现为低阻暗色的正弦条纹曲线，沿裂缝常常有溶蚀现象发育，在成果图上以蝌蚪表示（如图 4-18），裂缝产状统计图表明，本井高导缝主要为中高角度裂缝，倾角 20°～80°，倾向北西－南东向，走向北东－南西向。

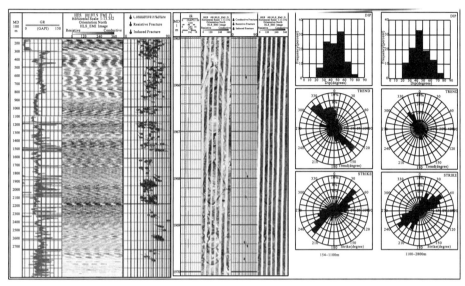

图 4-18　HQ6 井 XRMI 高导缝成像特征，分布及产状统计（154～2800m）

高阻缝为闭合缝或充填缝，在成像图上表现为正弦线，常是前期裂缝为后期胶结物充填或闭合（见图 4-19），据产状统计，高阻缝倾角 0°～90°，倾向杂乱。

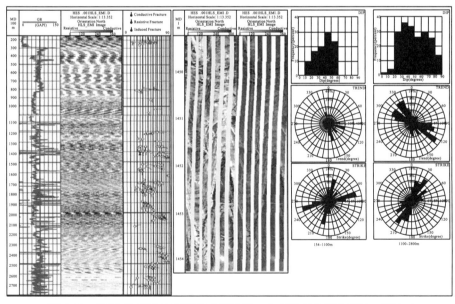

图 4-19　HQ6 井 XRMI 高阻缝成像特征，分布及产状统计（154～2800m）

2）高导缝参数定量计算

本井的裂缝参数定量计算结果表明（图 4-20），HQ6 井裂缝长度＜6m/m²，平均 2.35m/m²；裂缝水动力宽度＜250μm，平均 100μm；裂缝视孔隙度＜0.006%，平均 0.001%。

　　HQ6 井石炭系凝灰岩段储层发育，主要以孔隙性、裂缝－孔隙性、溶蚀－孔隙性为主，自上而下，溶蚀程度逐渐加强，次生孔隙发育。

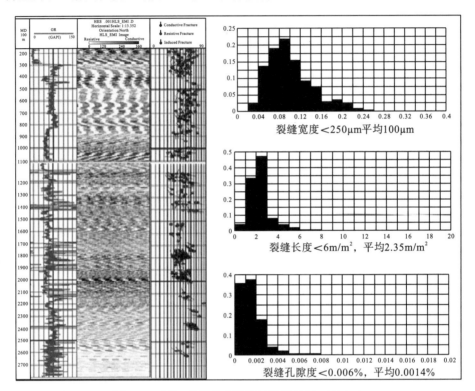

图 4-20　HQ6 井裂缝参数统计结果(154～2800m)

二、高导缝和高阻缝的发育特征

　　本次研究石炭系、二叠系地层中的天然构造裂缝，主要是统计成像测井图上的高导缝和高阻缝。这两种裂缝主要是根据天然构造裂缝在电成像测井过程中反映出的不同导电率来划分的。高导缝代表导电率高的裂缝，暗示裂缝充填程度较低并具有对地层流体的输导作用；高阻缝代表导电率低的裂缝，暗示裂缝充填程度较高，对流体的输导能力差。

　　通过对哈山上述 5 口钻井的成像测井高导缝和高阻缝条数及其产状的统计，分析了哈山地区石炭系、二叠系地层构造裂缝的整体密度发育情况和地层中裂缝的优势方位。根据统计的高导缝、高阻缝以及总裂缝发育条数所计算的裂缝密度(表 4-2)，这有助于了解区内石炭系、二叠系地层裂缝发育的总体情况。

表 4-2　哈山石炭系—二叠系成像测井资料裂缝密度统计

井号	深度/m	高导缝密度/(条/m)	高阻缝密度/(条/m)	总体裂缝密度/(条/m)
HS1 井	1335.88～2552	0.40	0.06	0.46
HS2 井	1454.1～2957.8	0.45	0.06	0.50

井号	深度/m	高导缝密度/(条/m)	高阻缝密度/(条/m)	总体裂缝密度/(条/m)
HQ3 井	1501~2867.4	0.12	0.02	0.14
HQ6 井	154.2~2696.3	0.12	0.06	0.18
HQ101 井	1103.7~2310.2	0.13	0.03	0.16

1. 高导缝

1）高导缝的优势方位

通过统计 HS1 井、HS2 井、HQ3 井、HQ6 井、HQ101 井成像测井段所有的高导缝，绘制了相关井的高导缝的倾向玫瑰花图（图 4-21）。其中 HS1 井、HS2 井以及 HQ101 井倾向的优势方位为南东向，而 HQ3 井、HQ6 井的优势方位为北西向。总体上看，哈山地区成像测井上拾取的高导缝发育的优势倾角方位是北西向和南东向。

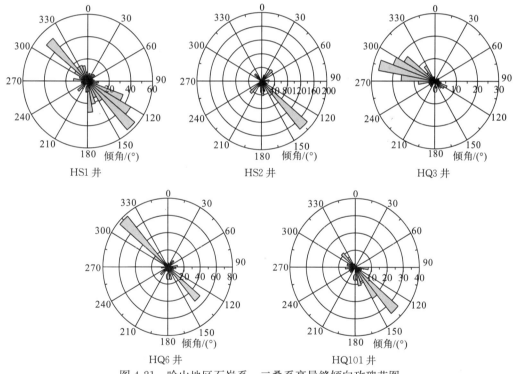

图 4-21　哈山地区石炭系—二叠系高导缝倾向玫瑰花图

2）高导裂缝的倾角分布特征

为了便于高导缝的倾角分布特征分析，统计上述 5 口井的测井段的高导缝的倾角值并绘制了高导缝倾角分布频率直方图（图 4-22）。倾角分布频率直方图可以清晰反映每口井的裂缝倾角的主要集中范围。HS1 井、HQ3 井、HQ101 井的高导缝倾角主要集中于高角度，倾角最大范围的峰值分别为 60°~70°、70°~80°、50°~60°。而 HS2 井和 HQ6 井倾角集中分布的优势不明显，倾角分布范围较宽，且最大倾角峰值较小，相对集中于 30°~40°。从统计的 5 口井的高导缝倾角分布范围来看，50°~70°范围是最为集中分布的区间，该地区总体上高导缝的倾角更偏向于高角度。

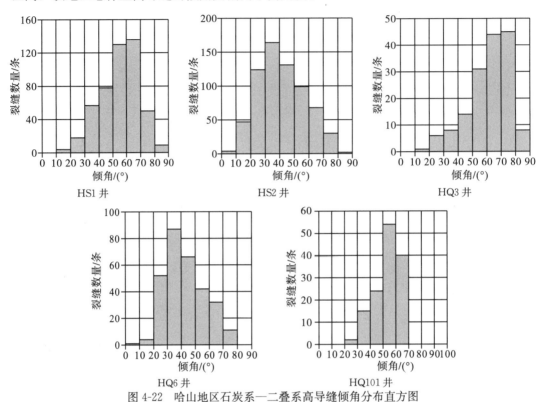

图 4-22　哈山地区石炭系—二叠系高导缝倾角分布直方图

3）高导缝的发育密度

岩层中高导缝发育程度的高低，直接关系到它们对油气成藏影响的程度，有必要对它们在测井段的发育密度进行统计和分析。这 5 口井的高导缝密度直方图（图 4-23）表明，HS1 井、HS2 井裂缝发育密度较高，分别为 0.4 条/m 和 0.45 条/m。而 HQ3 井、HQ6 井、HQ101 井高导缝发育相对减弱，裂缝密度分别只有 0.12 条/m、0.12 条/m、0.13 条/m。这种较为明显的发育密度差显然与统计的钻井所处的区域构造位置是密切相关的，在构造活动强烈或构造应力较强的部位，构造裂缝较为发育。高导缝密度的统计和对比结果说明 HS1 井、HS2 井相比 HQ3 井、HQ6 井、HQ101 井所处构造位置的地质情况更为复杂。

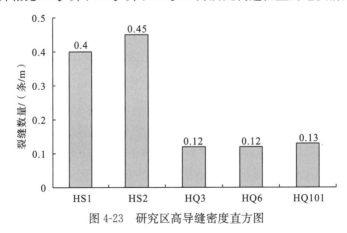

图 4-23　研究区高导缝密度直方图

2. 高阻缝

1)高阻缝的优势发育方位

高阻缝在成像测井中是与高导缝对立的另一类天然构造裂缝，该类裂缝充填程度较高，对地层流体起渗流或输导作用较小。通过对哈山成像测井图上存在的高阻缝倾向的统计，绘制了它们的倾向玫瑰花图(图 4-24)。各井的倾角玫瑰花图表明，HS1 井、HS2 井、HQ6 井的高阻缝倾向的优势发育方位主要是南东向；HQ3 井的优势发育方位是南西向和北西向；HQ101 井的优势发育方位是南东向、北西向以及北东向，但主要是南东向和北西向。

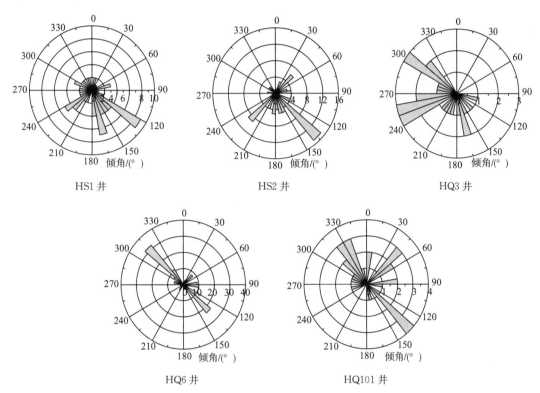

图 4-24 哈山地区石炭系—二叠系高阻缝倾向玫瑰花图

2)高阻缝的倾角分布特征

高阻缝因其对地层流体的输导作用与高导缝明显不同，为了分析它们之间的形成差异性，统计了 5 口井(HS1 井、HS2 井、HQ3 井、HQ6 井、HQ101 井)成像测井段上的高阻缝倾角参数，绘制了 5 口井的高阻缝的分布直方图(图 4-25)。

HS1 井倾角主要集中于 40°~60°，主峰为 40°~50°。HS2 井、HQ3 井倾角主要集中于 30°~50°，主峰为 30°~40°。HQ6 井倾角集中分布特征不明显，倾角分布范围跨度较大 10°~90°，直方图上存在两个主峰 30°~40° 和 60°~80°，但优势主峰为 30°~40°。HQ101 井倾角主要集中于 40°~60°，主峰为 50°~60°。

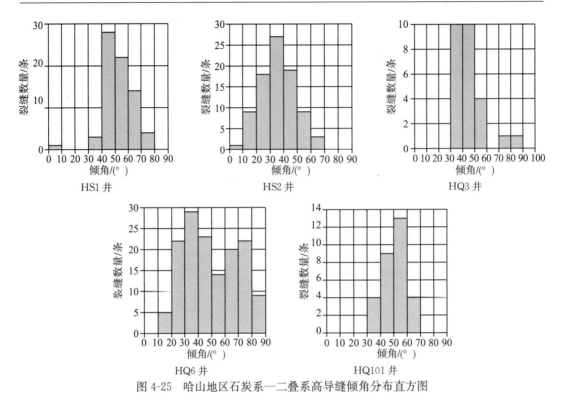

图 4-25　哈山地区石炭系—二叠系高导缝倾角分布直方图

哈山地区成像测井段的高阻缝主要集中于 30°～60°范围区间，属于低角度裂缝和高角度裂缝的过渡类型——中等角度裂缝。

3)高阻缝的发育密度

成像测井裂缝统计结果(图 4-26)显示，区内 HQ101 井和 HQ3 井高阻缝发育密度显著高于 HS1 井、HS2 井、HQ3 井。但对于整个研究区，高阻缝的发育密度远低于高导缝，这反映了哈山石炭—二叠系构造裂缝现今流体输导能力整体较高。

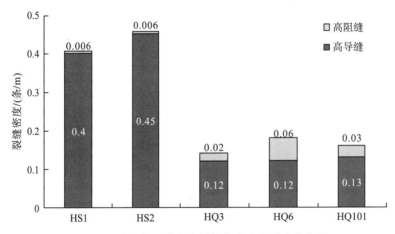

图 4-26　哈山高阻缝与高导缝发育密度对比直方图

3. 典型钻井裂缝密集发育段产状特征

哈山地区石炭系和二叠系的岩性均较为致密，构造裂缝的发育对于形成良好的储层至关重要。因此在利用成像测井资料统计高导缝和高阻缝的发育情况时，也对裂缝发育集中区域进行了分析和研究，发现每口钻井的构造裂缝都存裂缝密集发育段。

1）HS1 井

HS1 井测井段裂缝分布图（图4-27a）显示，成像测井段裂缝整体发育，并且裂缝深度分布图具有明显的双峰特征，也就是在 1600～1800m 和 2400～2600m 两个范围具有明显的高值，是 HS1 井构造裂缝的密集发育段。1600～1800m 和 2400～2600m 裂缝密集发育段的岩性均为石炭系的安山岩。

HS1 井浅部的 1600～1800m 密集段的裂缝倾角主要集中于 50°～60°（图4-27b），倾向优势方位是南东向（图4-27c）。而 2400～2600m 密集段的裂缝倾角主要集中于 60°～70°（图4-27d），倾向的优势方位是北西向（图4-27e）。上述两个井段的裂缝密集发育段的产状存在着明显的差异性，说明不同深度裂缝的成因存在一定的差异性。

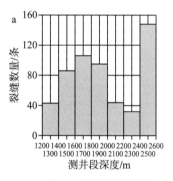

1200～2600m 密集段裂缝分布

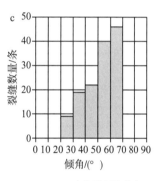

1600～1800m 密集段倾角分布

2400～2600m 密集段倾角分布

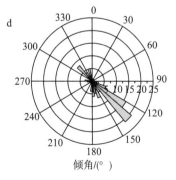

1600～1800m 密集段倾向玫瑰花图

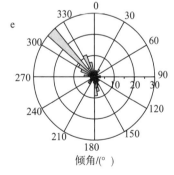

2400～2600m 密集段倾向玫瑰花图

图 4-27 HS1 井裂缝密集发育段成像测井裂缝产状统计

2）HS2 井

HS2 井测井段裂缝分布图显示，该井测井段整体裂缝十分发育，特别是 1400～1600m 具有显著的高值（图4-28a），这一裂缝密集发育段为石炭系的安山岩，主要为高角度裂缝，倾角分布范围主要集中在 50°～60°（图4-28b），倾向具有的优势方位是南东向

（图 4-28c）。该井裂缝整体十分发育，暗示 HS2 井所处的构造位置经历过较强烈的构造变形。

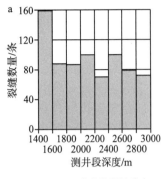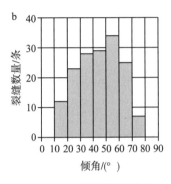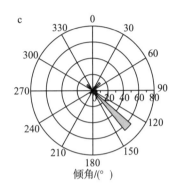

1400～3000m 密集段裂缝分布　　　1400～1600m 密集段倾角分布　　　1400～1600m 密集段倾向玫瑰花图

图 4-28　HS2 井裂缝密集发育段成像测井裂缝产状统计

3）HQ3 井

HQ3 井测井段裂缝分布图（图 4-29）显示，不同深度段裂缝的发育密集程度存在明显的差异性。测井段 2000～2200m 可见显著的裂缝密集发育，为石炭系的火山角砾岩处的高角度缝，并且集中分布于 60°～80°区间（图 4-29），裂缝的倾向主要为北西西向（图 4-29）。

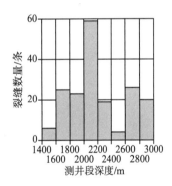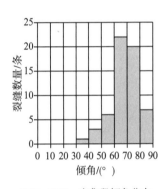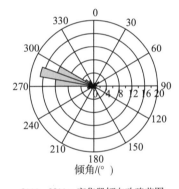

1400～3000m 密集段裂缝分布　　　2000～2200m 密集段倾角分布　　　2000～2200m 密集段倾向玫瑰花图

图 4-29　HQ3 井裂缝密集段成像测井裂缝产状统计

4）HQ6 井

HQ6 井的裂缝在 800～2000m 范围发育程度较好，裂缝发育最为密集的深度区间为 1600～2000m，为二叠系的泥岩段。该井段的裂缝倾角较相对较低，主要分布区间为 30°～50°（图 4-30），峰值倾角区间为 30°～40°（图 4-30）。裂缝密集发育段大致分为两个倾向：北西向和南东向，且以北西向为优势倾向，表明 HQ6 井的裂缝密集发育段应该是多期构造活动的叠合区。

5）HQ101 井

HQ101 井测井段裂缝分布图（图 4-31a）的双峰特征显示，在 1600～1800m 和 2000～2200m 两个区间存在裂缝密集发育段，其中以 1600～1800m 区间的裂缝最为发育，分别是石炭系的火山角砾岩和二叠系的泥岩。

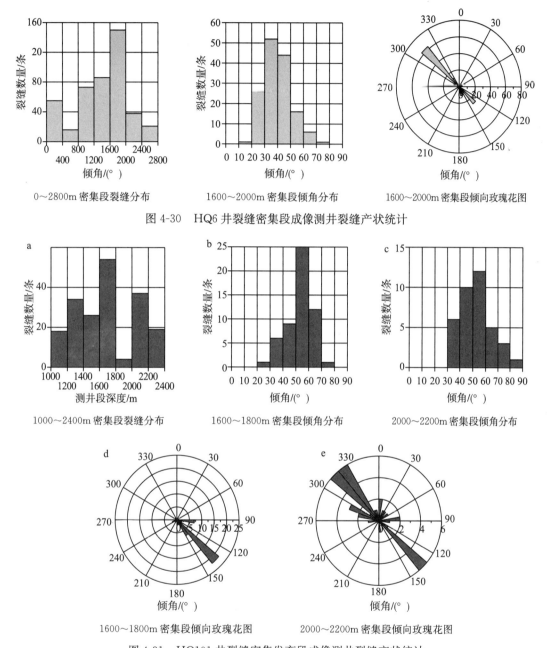

图 4-30 HQ6 井裂缝密集段成像测井裂缝产状统计

图 4-31 HQ101 井裂缝密集发育段成像测井裂缝产状统计

通过分析 HQ101 井两个裂缝密集发育段的裂缝产状，发现 1600～1800m 的石炭系火山角砾岩的裂缝倾角峰值范围是 50°～60°（图 4-31b），裂缝优势倾向为南东向（图 4-31c）。而 2000～2200m 的二叠系泥岩的裂缝倾角分布集中程度相对较差，倾角的分布区间为 40°～60°，峰值范围是 50°～60°（图 4-31d），并且裂缝存在北西向和南东向两个优势倾向，以北西向所占比例较大（图 4-31e）。表明 HQ101 井的 2000～2200m 的裂缝密集发育段与HQ6 井 1600～2000m 裂缝密集发育段具有相似的多期构造裂缝叠加的特征。

第五章　裂缝充填物的地球化学

岩层中发育的裂缝是盆地流体活动的重要通道，流体沿裂缝运移过程中，遇到温度、压力或矿化度的改变往往会结晶、沉淀，形成裂缝充填物(Morrow，1982)。这些充填矿物所蕴含的地球化学信息对于研究流体活动规律及油气成藏过程具有重要的意义(蔡春芳等，1997)。虽然充填矿物种类繁多(如石英、黏土、碳酸盐矿等矿物)，但是储层中最为普遍的还是碳酸盐矿物。由于这类矿物对介质环境反应敏感并能较好地记录多期流体活动过程，易于实验测试分析和对比，因此它们成了地质学家进行储层地化分析较为理想的对象(胡作维等，2009)。随着近年来，地化分析方法的不断革新，储层碳酸盐矿物地球化学分析方法成了石油地质学家用于研究盆地流体活动规律和油气成藏过程的重要途径并在一系列的研究中取得了较好的效果(Suchy et al.，2000；刘立等，2004；王大锐和张映红；2001)。目前碳酸盐矿物较为常见的地球化学分析手段有：碳、氧、锶同位素分析以及流体包裹体分析等。

一、同位素地球化学

1. 锶同位素地球化学

锶是自然界广泛分布的微量元素，锶与钙原子结构相似，具有类似的晶体化学特性和地球化学行为，锶常以类质同象的方式取代钙元素进入碳酸盐晶格，一旦进入将不会发生同位素分馏从而保持流体沉积时的同位素组成。如果矿物没有受到后期其他性质流体的强烈改造，其锶同位素组成只受控于锶的 3 种主要原始输入机制(幔源锶、壳源锶、重溶锶)(Palmer and Elderfield，1985；Palmer and Edmond，1989；Banner，2004)。现今碳酸盐矿物测试获取的锶同位素组成基本可以代表原始地质流体的锶同位素组成(王国芝和刘树根，2009)。因此，锶同位素组成对比可以用于示踪形成碳酸盐矿物的流体来源。

近年来，锶同位素研究方法已经逐渐成为一种新兴的沉积同位素地球化学研究工具，锶同位素地球化学分析在地层学、沉积学、成岩作用以及油气成藏等方面研究中均取得良好的效果(黄思静等，2002；胡作维等，2009；刘存革等，2007；袁海锋等，2014)。研究区火山岩裂缝普遍发育有方解石为锶同位素地球化学研究奠定了良好的物质基础。由于研究区缺乏同位素地球化学研究。因此，开展方解石脉的锶同位素地球化学分析对于区分研究区内火山岩储层中古地质流体期次及性质有着重要的意义。

碳酸盐胶结物中的锶同位素组成主要是受流体来源的影响，比较常见的流体来源有：海水、湖水以及成岩流体等。目前普遍认为海水或岩石中的锶同位素主要是受到了壳源和幔源两种来源锶的控制。壳源锶主要来自于大陆古老岩石的风化，壳源物质因而富含 Rb，因而具有较高的 $^{87}Sr/^{86}Sr$ 值，全球壳源锶的 $^{87}Sr/^{86}Sr$ 值平均为 0.7119；幔源锶主要来自大洋中脊的热液系统，幔源物质 Rb 的含量极低，$^{87}Sr/^{86}Sr$ 值也是较低，全球幔源锶的 $^{87}Sr/^{86}Sr$ 值平均为 0.7035(Palmer and Elderfield，1985；Palmer and Edmond，1989)。由于锶在海水中残留的时间可达一百万年，而海水的混合时间仅为一千年，因此同一地质历史时期的全球海水锶同位素组成在理论上都应该是均一的，因此可以利用 $^{87}Sr/^{86}Sr$ 值来区分不同的流体源(Veizer et al.，1997)。

为了探讨准噶尔盆地西北缘哈山地区石炭－二叠系火山岩裂缝充填物成因机制、裂缝发育期次以及裂缝与油气成藏关系等问题，研究过程中对区内具有代表性的 5 口钻井取芯段中的 15 件构造裂缝充填方解石进行了细致取样与锶同位素分析测试(表 5-1)。

表 5-1　研究区裂缝方解石脉的锶同位素分析数据

样品号	井深/m	层位	描述	$^{87}Sr/^{86}Sr$
HQ101-1	1455.12	C	火山角砾岩，裂缝充填方解石，断面见油浸	0.707064
HQ101-3	1739.00	C	火山角砾岩，裂缝充填方解石，裂缝处可见原油	0.705634
HQ101-5	1739.95	C	火山角砾岩，裂缝充填方解石，裂缝处可见原油	0.707415
HQ101-6	1740.88	C	火山角砾岩，裂缝充填方解石可见油斑呈串珠状分布	0.705542
HQ101-7	2237	P	泥岩，裂缝充填方解石，方解石部分溶蚀处可见原油	0.705124
HQ101-9-2	2240.7	P	泥岩，裂缝充填方解石，方解石部分溶蚀处可见原油	0.705407
HQ3-2-2	1475.92	C	火山角砾岩，裂缝充填方解石，断面可见沥青	0.705836
HQ3-3	1478.19	C	火山角砾岩，裂缝充填方解石，断面可见沥青	0.705488
HQ4-2	686.40	C	凝灰岩，裂缝充填方解石、石英	0.703264
HQ4-3	686.50	C	凝灰岩，裂缝充填方解石、石英	0.703292
HQ6-2	255.50	C	凝灰岩，裂缝充填方解石	0.703345
HQ6-3	256.00	C	凝灰岩，裂缝充填方解石，细小黄铁矿沿裂缝分布	0.703412
HQ7-1	162.27	C	凝灰岩，裂缝充填粉末状方解石	0.70527
HQ7-2	211.66	C	凝灰岩，裂缝充填粉末状方解石	0.704797
HQ7-3a	212.00	C	凝灰岩，裂缝充填粉末状方解石	0.704902

通过锶同位素的测试结果进行分析可以发现，研究区所有石炭系—二叠系裂缝充填方解石的 $^{87}Sr/^{86}Sr$ 值均小于现代海水($^{87}Sr/^{86}Sr$ 平均值 0.709073)，有的样品甚至小于显生宙以来海洋中 $^{87}Sr/^{86}Sr$ 演化的最低值 0.707(Hoefs，1997；Koch et al.，1992)。这一现象表明裂缝充填碳酸盐矿物在锶同位素组成上存在幔源锶的影响。哈山地区所测试的大部分样品 $^{87}Sr/^{86}Sr$ 值要高于幔源锶(0.7035)边界，但又明显低于壳源锶标准($^{87}Sr/^{86}Sr$ 平均值 0.7119)，这说明哈山地区大部分裂缝充填碳酸盐矿物同时受到了幔源锶和壳源锶的双重影响。根据锶同位素的测试数据并按照取样深度绘制了 $^{87}Sr/^{86}Sr$ 同位素比值深度分布图(图 5-1)，所测试的方解石脉样品的锶同位素比值主要集中在三个区域(0.703264~0.703412、0.704902~0.705836、0.707064~0.707415)分别代表了三种不同成因类型的碳酸盐矿物。

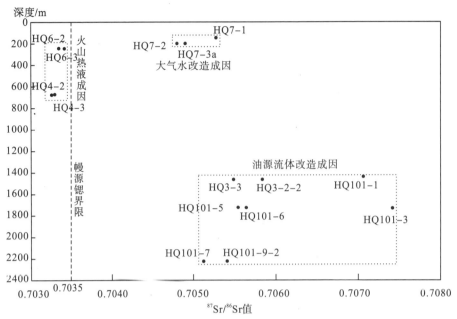

图 5-1 研究区石炭系—二叠系方解石脉的^{87}Sr/^{86}Sr 同位素比值与深度分布关系

(幔源锶界限值据 Palmer and Edmond，1989；Palmer and Elderfield，1985)

第一类，火山热液成因的方解石：^{87}Sr/^{86}Sr 值在 0.703264～0.703412 的 5 件样品锶同位素组成均落入幔源锶(^{87}Sr/^{86}Sr 平均值为 0.7035)范围内，同时这些样品的岩心未见油气显示，方解石结晶程度好、晶体颗粒粗大且表面纯净。方解石中捕获的气液两相盐水包裹体测的均一温度普遍较高。对哈山地区石炭系岩石薄片观察发现该层位存在火山后期热液作用痕迹，即缝、洞可见沸石、方解石等矿物的先后充填(图 5-2)。据前人研究，乌夏断裂带在二叠系风城组沉积时期存在火山热液活动并发育了裂缝充填沸石、方解石等常见的热液成因矿物(史基安等，2013)。由于火山热液在活动过程中往往会与先存火成岩发生相应的水-岩反应，并从火成岩中获取贫放射性的幔源锶，从而使得火山热液成因方解石^{87}Sr/^{86}Sr 值具有幔源锶特征。因此，研究认为以上 5 件样品应该就是火山热液成因的方解石。

图 5-2 火山岩缝洞中依次充填沸石、方解石

凝灰岩，石炭系，HQ7 井，211.60m(a. 单偏光；b. 正交偏光)

第二类，大气水叠加改造成因的方解石：$^{87}Sr/^{86}Sr$ 值在 0.704902～0.705836 的 3 件样品均来自哈山地区西北面构造高部位的 HQ7 井。其 $^{87}Sr/^{86}Sr$ 值要高于火山热液成因方解石。研究认为造成以上锶同位素特征的根本原因在于方解石在形成过程中混入了壳源、幔源这两种类型的锶，其中幔源锶占据主导地位。考虑到哈山地区面积总体并不大，早二叠世的火山热液活动后所形成的贫放射性锶的方解石应该在研究区广泛分布，如果后期含壳源锶的流体对早期具有幔源锶特征的火山热液成因的方解石进行一定程度的叠加改造，其结果就是方解石的 $^{87}Sr/^{86}Sr$ 值存在一定程度的增高。本次研究所测试的 HQ7 井的 3 件样品取样深度均较浅（约 200m），从取样处的岩心上可以观察到方解石表面明显的铁质氧化痕迹（图 5-3a、b），显然早期充填的方解石受到了沿裂缝下渗的后期富氧大气水的叠加改造。大气水在下渗过程中对石炭系火成岩中的铝硅酸盐矿物进行溶蚀并释放出放射性锶，这种含放射性锶的大气水无疑在一定程度上提高了叠加改造后的方解石的 $^{87}Sr/^{86}Sr$ 值。另外，这类样品所捕获的流体包裹体均一温度测试值主要集中在大于 150℃ 和小于 55℃ 两个范围，也表明了方解石在形成过程中分别受到了两期温度高低不同的流体的影响。由于钻井岩心和岩石薄片均未见到油气显示（图 5-3a、b），基本上可以排除油气成藏流体的影响。因此，以 HQ7 井为代表的样品所表现出的锶同位素特征应该主要与大气水叠加改造成因有关。

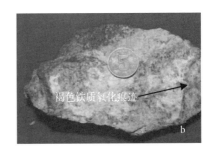

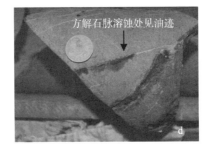

图 5-3 研究区石炭系—二叠系岩心典型特征

a. 凝灰岩，HQ7 井，石炭系，210～213.15m；b. 凝灰岩，HQ7 井，石炭系，211.6m；

c. 火山角砾岩，HQ101 井，石炭系，1737.70m；d. 泥岩，HS1 井，二叠系，2099m

第三类，油源流体改造成因的方解石：$^{87}Sr/^{86}Sr$ 值在 0.707064～0.707415 的 9 件样品的锶同位素特征与大气水叠加改造成因方解石相似，该类方解石的锶同位素表明其与壳源、幔源两种类型锶的混合作用有关。以上样品所在的岩心段可以观察到裂缝充填的粗晶方解石有后期部分溶蚀现象，溶蚀处均有原油充注痕迹（图 5-3c、d）。包裹体薄片中可观察到丰富的次生油气包裹体沿方解石裂隙分布。研究认为以上裂缝充填粗晶方解石与热流体成因方解石具有相似的晶形特征，其最初的沉淀机制应与火山热液作用有关。另外，岩心上充填方解石脉部分溶蚀处附着有原油，表明存在与后期烃源岩生排烃作用有关的烃类流体对早期沉淀方解石的叠加改造作用。由于哈山地区石炭系火成岩的油源主要来自于哈山构造南部玛湖生烃凹陷中的二叠系碎屑岩地层(胡杨和夏斌，2012)，源自生烃凹陷区的富放射性锶的地层流体在对哈山地区充注过程中叠加改造了早期火山热液成因的方解石，致使受其改造后的方解石的 $^{87}Sr/^{86}Sr$ 值高于幔源锶，但并未达到壳源锶的水平。综合分析认为，以上 9 件样品的方解石属于油源流体改造成因的方解石。

2. 碳、氧同位素

石油地质学家所关注的地质反应往往都是在水介质之中发生的，这包括了来自海水的矿物沉淀以及其他各种水介质类型中可能出现的成岩作用(Emery and Robinson，1993)。目前，利用同位素示踪来研究岩石或矿物形成的水介质类型及其作用过程已经逐渐成为一种比较主流的技术手段(Craig，1966；Criss et al.，1987；李延河，1998)。

碳、氧是碳酸盐岩的重要组成元素，碳、氧同位素地球化学特征分析在追溯流体来源、测算成矿温度、研究成岩环境等具有重要的意义(杜学斌等，1998)，因而成为地质学者比较常用的分析手段(高奇东等，2011；朱东亚等，2015)。但是鉴于碳、氧同位地球化学特征与流体来源、成岩环境等诸多因素有关，并在一定程度上存在多解性，因此研究区内碳、氧同位素地化特征分析作为在锶同位素地化特征分析的辅助。

研究区火山岩裂缝广泛发育充填方解石脉，这为利用碳、氧同位素地球化学特征来研究区内裂缝方解石脉的碳源、成矿温度、裂缝期次以及油气成藏等问题提供了物质条件。目前已有的研究表明，碳同位素在成岩作用研究中主要用途是揭示碳酸盐矿物中碳的来源(Clark and Fritz，2000)。在沉积盆地中，存在两种主要的碳储备：①来自于海生或者化学沉淀作用的碳；②来自于还原性的有机碳(Emery and Robinson，1993)。这两种碳同位素可以通过其同位素印记进行辨认。大部分海相来源的 $\delta^{13}C$ 值在 $\pm 4‰$ (Deines，1980)，湖泊水介质的碳酸盐岩的 $\delta^{13}C$ 值一般偏重($2.9‰ \sim 9.3‰$)(刘传联，1998)。与之相反的是有机碳，其 $\delta^{13}C$ 值一般在 $-35‰ \sim -10‰$，最典型的 $\delta^{13}C$ 值一般是在 $-30‰ \sim -20‰$。而氧同位素一般是作为矿物形成的地质温度计，据王大锐和张映红(2001)在渤海湾地区的研究表明，在成岩或变质作用的高温影响下，水中的 $\delta^{18}O$ 会大量消耗，导致形成的岩石 $\delta^{18}O$ 值偏负。因此可以通过 $\delta^{18}O$ 和 $\delta^{13}C$ 结合来分析裂缝充填物的形成条件。但是由于影响碳、氧同位素的因素比较复杂，实际表现出来的碳、氧同位素测试值特征可能存在多种解释。因此需要结合其他分析测试结果和基础地质相结合才能达到比较可靠的解释。

通过对研究区 7 口钻井的 21 件裂缝方解石脉进行碳、氧同位素测试分析(表 5-2)，结果显示方解石样品的 $\delta^{13}C$ 测试值(PDB 标准)在 $-9.18‰ \sim 0.18‰$，平均值为 $-4.70‰$，$\delta^{18}O$ 测试值(PDB 标准)在 $-15.77‰ \sim -9.96‰$，平均值为 $-13.13‰$。不同方解石脉样品之间的碳、氧同位素组成上存在较大的差异，反映了区内石炭系、二叠系裂缝中活动的地质流体的复杂性。

表 5-2　研究区裂缝方解石脉碳、氧同位素测试数据及流体温度计算结果

编号	样品号	充填物	层位	井深/m	$\delta^{13}C_{PDB}$ /‰	$\delta^{18}O_{PDB}$ /‰	流体温度 t/℃
1	HQ101-3	方解石	C	1739	−4.09	−14.53	100.68
3	HQ101-6	方解石	C	1740.88	−5.00	−15.63	108.82
4	HQ101-7	方解石	P	2237	−1.46	−10.07	70.18
7	HQ101-9-2	方解石	P	2240.7	−2.38	−10.28	71.53
9	HQ102-2	方解石+石英	C	1338.11	4.07	−3.34	31.68
12	HQ3-2-1	方解石	C	1075.92	1.06	−13.07	90.26
14	HQ3-3	方解石+石英	C	1478.19	−2.77	−12.83	88.59
16	HQ4-2	方解石	C	686.4	−2.97	−14.46	100.18
19	HQ6-2	方解石	C	255.5	4.42	−14.86	103.10
20	HQ6-3	方解石	C	256	−3.73	−18.23	129.01
21	HQ6-4	方解石	C	275.8	7.65	−19.13	136.32
22	HQ6-8	方解石	P	1920.65	−3.83	−10.97	76.01
18	HQ6-13	方解石+石英	P	2702.14	0.17	−21.41	155.55
23	HQ7-1	方解石	C	162.27	−3.66	−10.58	73.47
24	HQ7-2	方解石	C	211.66	−7.05	−11.72	81.00
25	HQ7-3a	方解石	C	212	−7.73	−16.76	117.43
26	HQ7-3b	方解石	C	212	−11.04	−18.21	128.85
31	HS1-4	方解石	P	2099.1	−1.18	−14.10	97.57
33	HS1-8	方解石	P	2101.33	−2.14	−18.44	130.70
27	HS1-10	方解石	P	2153.7	−4.30	−11.07	76.67
28	HS1-15C	方解石	P	2553.5	3.54	−4.00	35.05

　　为了探讨研究区裂缝充填的碳酸盐岩的碳、氧同位素的来源,利用 Clark and Fritz (2000) 和 Hoefs(1997) 的碳、氧同位素来源分析图版对测试样品的同位素值进行投点分析。从样品的 $\delta^{13}C$ 和 $\delta^{18}O$ 的的投点图版(图 5-4)上可以看出,$\delta^{13}C$ 同位素投点区域说明,裂缝充填方解石碳的碳存在多种来源:碳酸盐岩/金刚石、大气 CO_2、地幔值、海相碳酸盐、陆相碳酸盐以及地层水都是有可能的。但是针对具体地区可能其他形式的碳源(大气 CO_2、地幔流体等)也具有重要影响。从哈山地区本次研究的样品 $\delta^{13}C$ 分布情况来看(图 5-4),形成研究区石炭系、二叠系地层流体的碳源并不单一。

　　相比碳元素而言,氧元素在同位素分馏作用上对温度具有更高的敏感性,因而常常被地质学家用作地质温度计。据前人的研究表明,成岩作用或变质作用的高温会使水介质中的 $\delta^{18}O$ 被大量消耗,这一过程最终可导致储层裂隙内充填的方解石的 $\delta^{18}O$ 具有明显偏负的特征(王大锐和张映红,2001;Jensenius et al.,1988)。然而,这种现象还存在另一种较为合理的解释:低温淡水条件下形成的方解石。总的来说,裂缝充填方解石的氧同位素组成特征受流体来源及成岩温度的双重控制,且以成岩温度控制为主(史基安等,2013)。

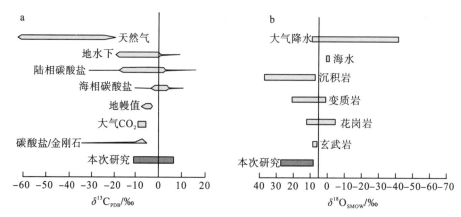

图 5-4　重要地质储库：碳同位素特征和氧同位素特征（Hoefs，1997；Clark and Fritz，2000）

　　通过石炭系二叠系裂缝充填方解石碳、氧同位素成因图解投点，从投点图上（图 5-5）可以看出，研究区构造裂缝中的碳酸盐的成因比较复杂，图版显示火山岩的低温蚀变、沉积岩的混染、有机质的脱羧基作用、碳酸盐岩的溶解作用等均是有可能的。

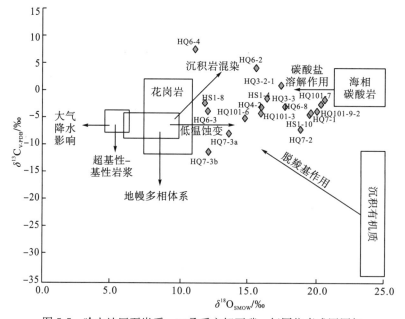

图 5-5　哈山地区石炭系—二叠系方解石碳、氧同位素成因图解

　　根据前人的 $\delta^{13}C_{PDB}$ 和 $\delta^{18}O_{SMOW}$ 数值相关图版（曹剑等，2007），并将本次测试碳、氧同位素值进行投点，从 $\delta^{13}C_{PDB}$ 和 $\delta^{18}O_{SMOW}$ 数值相关图版投点图上（图 5-6）可以发现，研究区的样品绝大部分都落在混合成因区，这也说明形成研究区绝大部分裂缝充填碳酸盐的流体并不是单一性质的，不同性质的碳酸盐混合或是后期不同性质的流体改造可能才是最主要的成因特征。

　　无论是图 5-4、图 5-5 还是图 5-6 的 $\delta^{13}C_{PDB}$ 和 $\delta^{18}O_{SMOW}$ 数值相关图版投点都很难单独对碳酸盐的成因下结论，因为碳、氧同位素的影响因素比较多，还需要结合其他分析手段才能针对具体的碳酸盐样品做出最为可靠的成因解释。

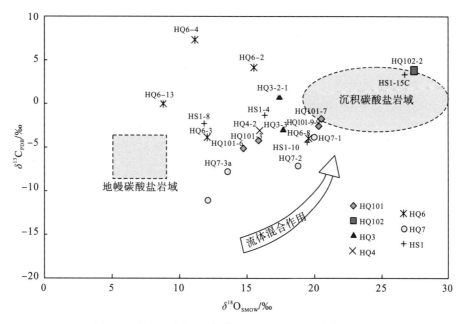

图 5-6　研究区方解石脉 $\delta^{13}C_{PDB}$ 和 $\delta^{18}O_{SMOW}$ 数值相关图

数据来源：Hoefs，1997；Taylor et al.，1976；Veizer and Hoefs，1976；Toyoda et al.，1994

在已获得的锶同位素分析解释成果的约束下，研究对哈山地区石炭系、二叠系裂缝充填方解石的碳、氧同位素特征所反映的流体来源及成因展开了进一步的分析。从测试获得的碳、氧同位素数据来看，锶同位素解释的三种成因方解石在碳、氧同位素投点图上的分布特征具有明显的不同（图 5-7）。

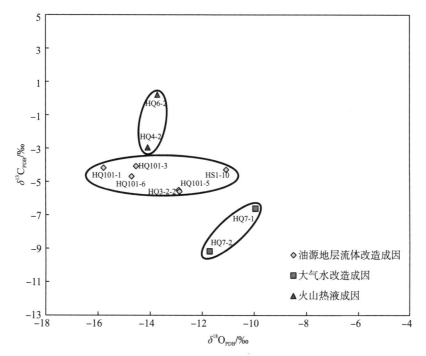

图 5-7　研究区方解石脉的 $\delta^{13}C_{PDB}$ 和 $\delta^{18}O_{PDB}$ 关系

首先 HQ6-3、HQ4-2 样品所测试的碳同位素分别是 3.73‰和－2.97‰，位于正常地幔来源 $\delta^{13}C$ 值－5‰附近(Hoefs，1997)，而氧同位素值分别为－14.46‰和－18.23‰，其高负值特征反映形成方解石的流体介质温度较高。碳、氧同位素与锶同位素的解释结果是一致的，均与火山热液流体有关。

对于 HQ7-1、HQ7-2 两件样品的碳同位素分别为－7.05‰、－6.62‰，均在大气 CO_2 的 $\delta^{13}C$ 值平均在－7‰附近(Koch et al.，1992)，氧同位素值分别为－11.72‰、－9.95‰，与火山热液成因的方解石相比，其氧同位素值偏负程度有所下降，其原因可能是温度对于氧同位素的分馏效应使得浅埋藏低温环境下大气水叠加改造后的方解石更为富集 ^{18}O。因此，早期火山热液成因方解石在经历大气水改造后，其碳同位素值趋于偏轻，而氧同位素趋于偏重。

对于 HQ101-1、HQ101-3、HQ101-5、HQ101-6、HS1-10、HQ3-2-2 样品所测试的碳同位素分布在－4.09‰～－5.52‰，氧同位素范围分布在－12.90‰～－15.77‰。这类油源流体改造成因方解石相比火山热液成因方解石，其碳同位素均有小幅度的偏负，这可能是区内的后期油源流体对早期火山热液成因的方解石进行叠加改造。由于后期流体充注时间较晚(白垩纪晚期)(吴孔友，2009)，使得方解石的碳同位素交换程度并不高，因而可能混入方解石的有机碳并不足以对样品的碳同位素造成较大负向偏移。此外，以上几件样品的氧同位素测试值极为接近，总体较火山热液成因的方解石样品的氧同位素稍重，这也可能就是后期活动的油源地层流体比火山热液具有相对较低的介质温度所引起的氧同位素分馏效应造成的。

由于水介质温度对 $\delta^{18}O$ 值的影响远远超过盐度对它的影响，而 $\delta^{13}C$ 值随温度变化很小。因此，在盐度不变时，$\delta^{18}O$ 值可用来作为测定古温度的可靠标志。当碳酸盐与水介质处于平衡状态时，$\delta^{18}O$ 值随温度的升高而下降(张秀莲，1985)。用 $\delta^{18}O$ 测定古大洋水温度的方法是由美国学者、诺贝尔奖奖金获得者 Urey 提出的，并且由 Epstein 和 Of-hers 加以具体化。Shackleton 又进一步修改得出最终经验公式：

$$T(℃) = 16.9 - 4.38 \times (\delta C - \delta W) + 0.10 \times (\delta C - \delta W)^2$$

其中：$\delta C = 10.25 + 1.01025 \times \delta CaCO_3$，$\delta W = 41.2$(设 $\delta H_2O = 0$)

使用以上碳酸盐成矿温度计算公式，结合碳、氧同位素测试结果(表 5-2)计算了各样品的成矿温度。从计算的成矿温度结果以及统计的裂缝充填碳酸盐矿物形成温度范围分布来看(表 5-2、图 5-8)，研究区石炭系—二叠系中的构造裂缝充填碳酸盐岩的形成温度主要分布在 30～70℃、70～80℃、100～160℃三个区间，也就表明形成裂缝充填碳酸盐岩的流体至少具有三个温度范围，同时也可以反映裂缝充填碳酸盐的形成具有多种流体成因特征。30～70℃代表的是近地表的大气淡水或湖泊水有关的成矿流体充注；70～80℃代表烃源岩即将进入生烃门限排出的成矿流体充注；100～160℃代表处于烃源岩达到生烃高峰期排出的流体或与幔源热流体有关的流体活动。

另外结合前面锶同位素的分析解释以及实际的钻井岩心与包裹体薄片观察，发现由碳、氧同位素计算的流体温度的 70～80℃以及 100～160℃两个温度区间的岩心样品往往具有良好的油气显示，特别是 HQ101 井的样品特征明显。这也就暗示研究区裂缝中活动的油源流体可能具有多期性。

　　■ 30~70℃　　■ 70~80℃　　□ 100~160℃

图 5-8　研究区石炭系—二叠系方解石脉形成温度范围分布图

但是，由于形成研究区裂缝充填的碳酸盐具有多种成因特征，每一种成因的碳酸盐或改造的碳酸盐所占的比例不同都会影响到 $\delta^{13}C$ 和 $\delta^{18}O$ 的测试值。如果仅仅只是简单地认为 $\delta^{18}O$ 值受控于形成温度的高低，这显然是不合适的。因此通过碳、氧同位素计算的充填碳酸盐形成温度有可能并不能代表矿物真实的形成温度。而我们十分关注的与油气成藏有关的油源流体温度特征还需要进一步的包裹体测温等方式来确定。

二、流体包裹体

自从 19 世纪中叶，Sorby 等在石英和黄玉等矿物中发现了多种形态的包裹体以来，流体包裹体逐渐为人们所认识并在细致的研究过程中对其有了较为全面科学的定义。流体包裹体是成岩成矿流体(气液流体或硅酸盐熔融体)在矿物结晶生长过程中，被包裹在矿物晶格缺陷或穴窝中且现今还封存在寄主矿物中并与寄主矿物有着相的界限的那一部分流体物质(刘德汉等，2007)。流体包裹体保存了矿物形成时的地质环境的各种原始地球化学信息(如 P、T、PH、X，盐度等)，包裹体按照其成因可以分为原生包裹体、次生包裹体、假次生包裹体。如果按其所含的成分又可以分为有机包裹体和无机包裹体。按其中所含的气液比还可以划分为纯气体包裹体、气体包裹体和液体包裹体(刘德汉等，2007，2008；卢焕章等，2004)。

哈山地区石炭、二叠系广泛发育的构造裂缝为区内地层流体的活动提供了良好的运移通道。地层流体在活动过程中往往会在裂缝中留下痕迹——充填物。因此可以通过可以对裂缝充填矿物中捕获的古流体的性质、来源及捕获时间进行研究，进而更清楚地认识古流体的活动特征。由于准噶尔盆地西北缘存在多期油气充注，借助裂缝充填物的流体包裹体分析对于分析哈山地区石炭、二叠系的油气成藏期次具有重要意义。

1. 岩相学特征

研究区石炭、二叠系储层中普遍发育流体包裹体。根据流体包裹体与裂缝充填物形成的时间关系以及显微镜下流体包裹体的分布特征，按照成因类型可将区内流体包裹体划分为原生成因和次生成因两大类，按照包裹体形成期次可分为两期。研究区储层流体包裹体特征的观察结果(表 5-3)显示，不同样品的同一期包裹体发育基本特征相似，同一样品的不同期次的包裹体在发育相态和 GOI 方面存在明显的差异。第一期原生包裹体的 GOI 值较低，普遍在 5%～6%，油气包裹体主要以液态烃包裹体为主，其发育比例＞80%；第二期次生包裹体 GOI 值较高，最高可达 80%，油气包裹体按流体相态可分为液烃包裹体、气烃包裹体以及气液烃包裹体三种类型。这也表明，哈山地区储层第二期次生包裹体捕获的原油在成熟度上明显要高于第一期原生包裹体所捕获的原油。

表 5-3　哈山地区储层流体包裹体特征

井号	层位	深度/m	期次	丰度	气液比	GOI	相态
HQ102-2	C	1338.1	第 1 期	高	≤5％	20％	液烃包裹体占 80％，气烃包裹体占 15％，气液烃包裹体占 5％
			第 2 期	低	≤5％	1％～2％	液烃包裹体占 70％，气烃包裹体占 30％
HQ3-2-1	C	1075.92	第 1 期	高	≤5％	10％	液烃包裹体占 90％，气烃包裹体占 10％
HQ3-2-2	C	1075.92	第 1 期	高	≤5％	5％～6％	液烃包裹体占 80％，气烃包裹体占 20％
			第 2 期	高	≤5％	1％～2％	液烃包裹体占 90％，气烃包裹体占 10％
HQ3-3	C	1478.19	第 1 期	高	≤5％	5％～6％	液烃包裹体占 90％，气烃包裹体占 10％
HQ6-3	C	256	第 1 期	高	≤5％	5％～6％	液烃包裹体占 80％，气烃包裹体占 20％
HS1-4	C	2099.1	第 2 期	高	≤5％	80％	液烃包裹体占 40％，气液烃包裹体占 60％
HS1-8	C	2101.33	第 2 期	高	≤5％	80％	液烃包裹体占 20％，气液烃包裹体占 80％

　　原生包裹体在显微镜下，成群或零星分布于裂缝方解石脉和石英脉内。根据流体成分可将原生包裹体划分为五大类：褐色－深褐色的液烃包裹体、淡黄－灰色的气液烃包裹体、深灰色的气烃包裹体、淡黄－灰色含烃盐水包裹体以及透明无色的单相盐水包裹体。原生有机包裹体发育丰度较高，GOI 为 5％～6％，其中液烃包裹体占 80％，气烃包裹体占 20％。原生包裹体形状规则，个体大小不一，主要为 3～15μm，偶见大于 15μm的包裹体。其中与原生有机包裹体伴生的含烃盐水包裹体气液比≤5％(图 5-9)。

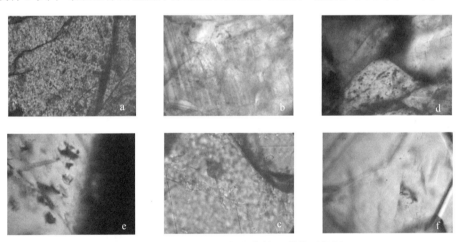

图 5-9　研究区原生油气包裹体显微镜下特征

a. 方解石内成群分布的液烃包裹体，石炭系，火山角砾岩，HQ3 井，1475.92m；b、c. 方解石内零星分布气液烃包裹体，石炭系，火山角砾岩，HQ102 井，1338.11m；d. 方解石内成群分布含烃盐水包裹体、液烃包裹体及气烃包裹体，石炭系，火山角砾岩，HQ3 井，1478.19m；e、f. 成群分布的含烃盐水、气烃包裹体，石炭系，凝灰岩，HQ6 井，256m

　　次生包裹体在研究区石炭、二叠系储层发育的流体包裹体中所占比例较高。显微镜下，次生包裹体沿方解石－石英微裂隙呈带状分布，可见丰富的褐色、深褐色的液烃包裹体和淡黄－灰色的气液烃包裹体发育。次生有机包裹体发育丰度高，GOI 为 80％，其中液烃包裹体占20%，气液烃包裹体占80%。次生包裹体发育形状规则，个体大小相比原生包裹体大，主要为5～12μm，偶见大于20μm的包裹体，次生气液烃包裹体的气液比≤5%（图5-10）。

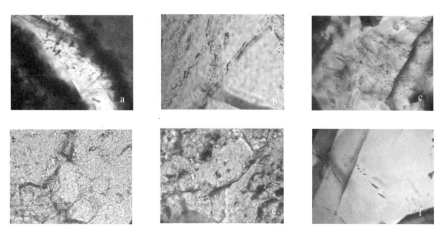

图5-10　研究区次生油气包裹体显微镜下特征

a、b、c. 方解石内成带状分布的液烃包裹体、气烃包裹体，石炭系，火山角砾岩，HQ3井1475.92m；d. 石英内成带状分布的液烃、气液烃包裹体，二叠系，泥岩，HS1井，2099.1m；e. 石英内成带状分布的气液烃包裹体，二叠系，泥岩，HS1井，2101.33m；f. 石英矿物内成带状分布，呈深灰色的气烃包裹体，石炭系，凝灰岩，HQ6井，256m

　　研究区石炭、二叠系不仅发育原生、次生两种成因类型的油气包裹体，还在裂缝方解石脉和石英脉裂隙中观察到稀油的沥青充填（图5-11）。由此初步判断，区内石炭、二叠系储层经历了多期油气充注过程。

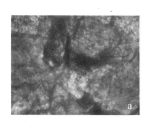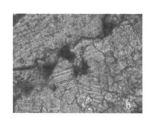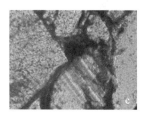

图5-11　研究区石炭系裂缝方解石脉、石英脉微裂隙油气充注特征

a. 方解石晶间微缝隙充填褐色稀油的沥青，石炭系，火山角砾岩，HQ102井，1338.11m；b、c. 方解石晶间微缝隙充填褐色稀油的沥青，石炭系，火山角砾岩，HQ3井，1475.92m

2. 荧光特征

　　有机包裹体在紫外光、紫光或蓝光照射下，会在极短时间内发射出比照射光波长更长的光，即有机包裹体的荧光。当有机分子受到高能的短波长光照射时，光量子会使处于基态的电子受到激发而跃迁到较高能级的轨道。电子在高能级轨道上并不稳定，通过发射出相应的光量子释放能量的方式回到基态，就产生了荧光（刘德汉等，2007）。有机包裹体产生荧光需要一定条件，即有机物分子中含有共轭双键，共轭度越大，越容易被激发产生荧光。所以，绝大多数能发荧光的包裹体通常都含有共轭双键分子的芳香环或杂环化合物（高先志和陈发景，2000），因此盐水包裹体和气态包裹体一般不发荧光。

　　研究区石炭、二叠系储层裂缝方解石脉和石英脉中的油气包裹体是区内油气充注活动的直接证据,其荧光特征反映了有机包裹体所含油气的成熟度。随着成熟度的提高,油气包裹体在蓝光激发下的荧光显示特征由暗褐色→橘黄色→黄绿色→暗绿色依次变化(高长海等,2015)研究区石炭、二叠系储层原生液烃包裹体在蓝光激发下发浅黄绿色荧光,原生气烃无荧光显示(图5-12)。

图 5-12　研究区石炭系储层原生油气包裹体荧光特征

a、b. 方解石内零星分布气液烃包裹体,浅黄绿色的荧光显示,石炭系,火山角砾岩,HQ102 井,1338.11m

　　根据研究区石炭、二叠系储层油气包裹体的显微镜下荧光观察发现,储层中次生液烃包裹体、气液烃包裹体在蓝光激发下发浅黄绿色荧光(图5-13),其荧光显示强度和包裹体发育数量均明显高于原生油气包裹体。

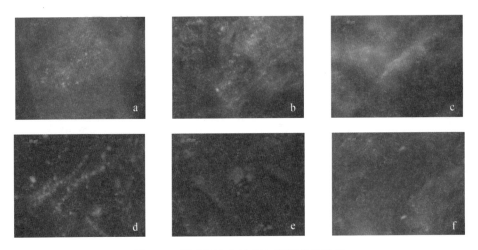

图 5-13　研究区次生油气包裹体荧光特征

a、b、c. 液态包裹体及气液烃包裹体成带状分布在方解石脉及石英脉的微裂隙中,显示浅蓝绿色、浅黄绿色的荧光,二叠系,泥岩,HS1 井,2099.1m;d、e、f. 液态包裹体及气液烃包裹体成带状分布在石英脉的微裂隙中,显示浅黄绿色的荧光,二叠系,泥岩,HS1 井,2101.33m

　　此外,方解石脉和石英脉裂隙原油侵染处发浅蓝绿色的荧光或无荧光显示(图5-14)。根据以上油气包裹体的荧光显示特征认为,研究区石炭、二叠系储层接受充注的油气成熟度处于中-高成熟度阶段。

图 5-14 研究区石炭系裂缝方解石脉、石英脉微裂隙油气充注荧光特征

a. 方解石晶间微缝隙充填褐色稀油沥青，无荧光显示，石炭系，火山角砾岩，HQ102 井，1338.11m；b. 方解石晶间微缝隙中充填褐色的稀油沥青，无荧光显示，石炭系，火山角砾岩，HQ3 井，1475.92m；c. 方解石晶间微缝隙为原油浸染显示浅黄、浅黄绿色的荧光石炭系，火山角砾岩，HQ3 井，1478.19m

3. 均一温度特征

含油气盆地中流体包裹体的产生主要有两大类型，一是烃源岩和储层在成岩演化过程中从均一的流体系统中捕获的流体包裹体，二是从各种非均一的流体系统中捕获的混相包裹体(高先志和陈发景，2000)。前者是传统包裹体均一温度测定的主要对象。所谓"均一温度"，指的是室温下呈两相或多相的包裹体，经人工加热，当温度升高到一定程度时，包裹体由两相或多相转变成原来的均匀的单相流体，此时的瞬间温度称为均一温度。一般认为均一温度是矿物在均一流体系统中捕获包裹体的当时地层温度。通过均一温度测定与地层埋藏-热演化史恢复相结合，可以对一个地区内流体活动时期及油气成藏过程进行恢复(张义杰等，2010)。

油气的运移与聚集是一个旧平衡系统的破坏与新平衡系统的建立的过程。油气运聚成藏的动力机制是多样的，除了考虑物理化学等内力作用外，烃类流体在运移过程中主要的动力还是来源于构造应力。构造应力不仅可以驱动油气的运聚，还可以在储层中产生断裂和裂隙改善油气的运移与聚集条件。由此可见，构造运动所带来的应力释放是油气运聚成藏的重要驱动机制。

对于准噶尔盆地西北缘，自二叠系烃源岩沉积开始，区内每一期较大规模的构造运动都能引起一期重要的油气充注。从前人恢复的埋藏史与油气成藏期次研究成果来看，西北缘地区油气成藏过程中存在三期主要的油气充注，分别对应三期重要的构造演化阶段：逆冲推覆发展期(晚二叠世—早三叠世)、压扭变形改造期(晚三叠世—早侏罗世)、盆地拗陷弱改造期(晚侏罗世—早白垩世)。

哈山地区油源对比分析表明，区内石炭、二叠系的油气主要来自于二叠系的烃源岩。通过对哈山地区石炭、二叠系储层含烃盐水包裹体的均一温度数据统计，发现均一温度主要分布在三个区间范围：36℃~52℃，56℃~79℃，87℃~108℃(图 5-15)。基于以上认识，研究认为哈山地区与准噶尔盆地西北缘其他地区一样，均经历了以上三期重要构造活动，因此它们在油气成藏期次上也应该存在相似性，即区内也存在晚二叠世—早三叠世、晚三叠世—早侏罗世、晚侏罗世—早白垩世三期油气充注过程。

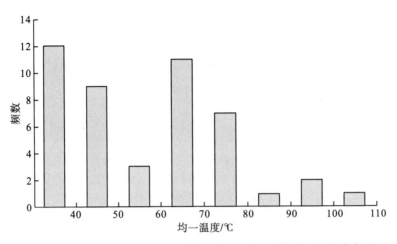

图 5-15　哈山地区石炭、二叠系储层含烃盐水包裹体均一温度分布图

第六章　储集层岩石力学性质

　　构造变形研究、构造应力场的计算、储层裂缝的发育和预测均与岩石力学性质密切相关。岩石力学性质是指岩石在受力情况下的变形特征，常用的表征岩石力学性质的参数有抗压强度、杨氏模量和泊松比等。理论研究和大量实验结果证实，影响岩石力学性质的因素很多，例如岩石类型、围压、温度、孔隙压力和孔隙介质、应变率、应力状态等。最为重要的地层条件包括地层温度、围压、流体饱和状况等。裂缝的形成除了与古构造应力场有关外，还与储层的岩性等内部因素有关，岩性等内部因素影响着裂缝发育的密度及分布等。裂缝的发育由外因（构造变形）和内因两方面决定，其中岩性是控制裂缝发育的内因，决定着裂缝发育的潜力（成为储集层的潜力）。岩性包括岩石成分和岩石颗粒大小两方面。一般来说，在相同条件下，具有较高脆性组分（石英、方解石、长石等脆性矿物）的岩石中裂缝的发育程度就会较高（鞠玮等，2014；蔡国刚和童亨茂，2010）。

　　这些参数往往只有在实验室测试中获得，然后与实际的地质条件进行对比、解释。因此，从常规测试条件下获得的岩石力学参数与真实地层条件下的岩石力学参数存在差别，而且这种差别往往存在地区性差异，因而经验公式也不具有普遍意义。

　　哈山地区的石炭系和二叠系地层均是较致密的岩层，因而储层裂缝的发育程度对于油气运移和聚集就显得尤为重要。无论储层的裂缝预测，还是构造变形样式的分析，岩石力学性质的研究对于本区的油气勘探具有重要的意义。

第一节　岩石力学特征

一、样品信息与分析测试

　　哈山地区储层岩石力学测试均在成都理工大学"油气藏地质及开发工程"国家重点实验室进行。岩石力学特征分析实验采用的测试仪器为美国 MST 公司研制的"MTS 岩石物理参数测试系统"（图 6-1）。该系统由数字电液伺服刚性岩石力学试验子系统、岩石超声波测量子系统以及岩石孔隙体积变化量和渗透率测试子系统三大部分构成，能够在模拟地层条件下（温度：常温~200℃、围压：0~140MPa、孔压：0~70MPa、轴向力：0~1600kN）测试岩石的力学参数、物性参数以及超声波速度。本次研究利用了该系统的岩石力学试验子系统对哈山地区石炭－二叠系储层岩样进行岩石力学参数的测试，实验内容包括：单轴抗张强度、单轴抗压强度、三轴抗压强度、变形模量、泊松比等。

图 6-1　MTS岩石物理参数测试系统

　　岩石力学特征测试样品分别取自研究区 5 口钻井（HS1 井、HS2 井、HQ3 井、HQ6 井、HQ101 井），涉及的岩性有：泥岩、凝灰岩、火山角砾岩和玄武岩，覆盖地质层位为石炭系和二叠系（表 6-1），测试样品基本可以反映研究区石炭－二叠系储层总体的岩石类型及岩石力学特征。

表 6-1　哈山地区石炭－二叠系岩石力学测试样品基本信息

取样井	深度/m	层位	岩石类型	测试类型	
				抗张	抗压
HS1	2097.4	P	泥岩	√	√
HS1	2151.2	P	泥岩	√	√
HS1	2153.5	P	泥岩	√	√
HS1	2155.6	P	泥岩	√	√
HS1	2102.63	P	泥岩	—	√
HS2	1210.2	C	凝灰岩	√	—
HQ3	2796	C	凝灰岩	√	√
HQ3	1210.3	C	火山角砾岩	—	√
HQ3	1478.19	C	火山角砾岩	—	√
HQ3	2687.1	C	凝灰岩	—	√
HQ6	275.8	C	凝灰岩	—	√
HQ6	2545.5	P	泥岩	√	—
HQ6	2700.93	P	泥岩	√	—
HQ101	1436.11	C	细砾岩	√	√

取样井	深度/m	层位	岩石类型	测试类型	
				抗张	抗压
HQ101	2236.15	P	泥岩	√	√
HQ101	2241	P	泥岩	—	√
HQ101	2242.21	P	泥岩		√

二、样品测试过程和结果

为满足"MST 岩石物理参数测试系统"的实验要求，测试岩样统一钻取成直径25mm、高 50mm 的圆柱体试件，端面经磨光处理。样品加工后经自然干燥，将热缩套密封的岩样试件置于高温高压三轴室内，并在样品上安装测量纵向和横向变形的高精度引伸计。先对岩样施加围压（静水压力）和孔压至设定值，再加温至设定温度 25℃。围压和温度稳定后，以等轴向位移速率施加轴向应力（差应力），直到试样破坏。根据记录的轴向应力、轴向变形及横向变形数据，即可获得岩石在压缩过程中的应力-应变特征以及相应温压条件下的岩石力学参数。表 6-2 为哈山地区石炭-二叠系储层岩石单轴抗张强度测试结果，表 6-3 为三轴岩石力学参数测试结果。

表 6-2　哈山地区石炭-二叠系岩石单轴抗张强度测试结果

井号	层位	岩性	平均直径/mm	平均高/mm	质量/g	破坏荷载/kN	抗张强度/MPa	备注
HS1	P	泥岩	25.40	26.27	35.08	8.85	8.45	
HS1	P	泥岩	25.37	26.21	35.2	9.93	9.51	
HS1	P	泥岩	25.10	25.47	32.11	4.48	4.46	端部缺损
HS1	P	泥岩	25.34	26.34	35.21	8.48	8.09	
HQ101	C	火山角砾岩	25.37	25.20	31.96	6.71	6.68	
HQ101	P	泥岩	25.35	25.44	32.5	5.677	5.61	
HQ3	C	凝灰岩	25.34	26.13	34.2	13.75	13.23	
HQ6	P	泥岩	25.29	24.37	30.8	4.99	5.16	端部缺损
HQ6	P	泥岩	25.39	26.31	35.51	5.19	4.95	
HS2	C	凝灰岩	25.36	25.70	33.36	9.22	9.01	

表 6-3　哈山地区石炭-二叠系岩石三轴岩石力学参数测试结果

测试样号	取样井	岩性	深度/m	层位	围压/MPa	孔压/MPa	温度/℃	饱和状态	抗压强度/MPa	变形模量/GPa	泊松比	备注
3	HS1	泥岩	2097.4	P	26.85	0	25	自然干燥	475.13	55.9	0.266	
6	HS1	泥岩	2102.63	P	26.91	0	25	自然干燥	309.72	45.4	0.248	
7	HS1	泥岩	2151.2	P	27.54	0	25	自然干燥	327.74	54.3	0.274	

测试样号	取样井	岩性	深度/m	层位	围压/MPa	孔压/MPa	温度/℃	饱和状态	抗压强度/MPa	变形模量/GPa	泊松比	备注
1	HS1	泥岩	2153.5	P	27.56	0	25	自然干燥	—	—	—	加围压时样品碎裂
16	HS1	泥岩	2155.6	C	27.59	0	25	自然干燥	241.88	55.2	0.265	
4	HQ101	火山角砾岩	1436.11	C	18.96	0	25	自然干燥	153.73	29.4	0.16	
8	HQ101	泥岩	2236.15	P	29.96	0	25	自然干燥	257.19	35	0.343	
5	HQ101	泥岩	2241	P	30.03	0	25	自然干燥	51.96	18.8	—	样品有裂缝
11	HQ101	火山角砾岩	2242.21	C	30.05	0	25	自然干燥	65.13	46.5	0.178	
13	HQ3	火山角砾岩	1210.3	C	15.61	0	25	自然干燥	164.13	35.8	0.16	
9	HQ3	凝灰岩	1478.19	C	19.36	0	25	自然干燥	174.76	23.6	0.09	
12	HQ3	凝灰岩	2687.1	C	38.16	0	25	自然干燥	256.36	43	0.186	
14	HQ3	凝灰岩	2796	C	39.7	0	25	自然干燥	271.35	44.1	0.261	
2	HQ6	凝灰岩	275.8	C	3.34	0	25	自然干燥	59.68	42.6	0.159	

三、岩石变形特征

静力学形变是指在一定温度条件下，对试样施加轴向差应力，使试样发生形变直至破坏的过程。在此过程中，记录各级应力的轴向和径向应变绘制的曲线称为静力学变形曲线。一般情况下，岩石从开始加载应力到破裂的整个过程可分成弹性变形阶段、非弹性变形阶段（扩容阶段）和破坏（后）阶段。从岩石力学实验结果分析，哈山地区石炭－二叠系不同岩石类型在"同岩石物理参数测试系统"实验过程中表现出的岩石变形类型主要是弹－塑性变形。下面将根据实验结果获取应力－应变曲线，对研究区内各主要岩石类型的典型岩石变形特征进行详细分析。

1. 泥岩

1）1 号泥岩

1 号岩样为 HS1 井埋深 2155.6m 的二叠系泥岩，图 6-2 为该岩样在 27.59MPa 的围压条件下的应力－应变关系曲线图。该岩样的岩石强度极限为 240MPa，当轴向差应力小于 240MPa 时，曲线几乎呈直线，反映岩石的弹性形变过程。屈服应力与岩石强度极限接近，岩石破裂前的塑性形变量很小。总形变量小于 0.6%，为典型脆性变形特征。

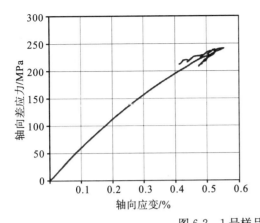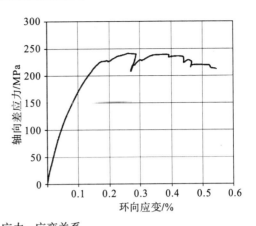

图 6-2　1 号样品应力－应变关系

围压：27.59MPa，HS1 井，二叠系，泥岩，2155.6m

2）3 号泥岩

3 号岩样为 HS1 井埋深 2097.4m 的二叠系泥岩。图 6-3 所示为该岩样在围压 26.85MPa 条件下的应力－应变关系曲线图，其岩石强度极限为 475MPa。从开始施加轴向差应力开始，应力－应变关系曲线呈近直线相态。当轴向差应力达到 475MPa 时，岩石出现了少量的塑性变形，应力应变曲线向下略微弯曲，曲线斜率减小，直至岩石破裂。该岩样在破裂前轴向应变量超过 1%，横向总变形量超过了 0.4%，其应力应变曲线反映了弹－塑性变形特征。

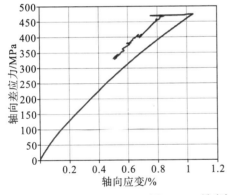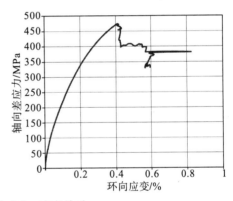

图 6-3　3 号岩样的应力－应变关系

围压：26.85MPa，HS1 井，二叠系，泥岩，2097.4m

3）8 号泥岩

8 号岩样为 HQ101 井埋深 2236.15m 的二叠系泥岩，图 6-4 显示岩石应力－应变曲线由近似直线的弹性变形阶段和破坏前的塑性变形阶段组成。该岩样的屈服点在应力－应变曲线上不易确定。岩样具较大的抗压强度，强度极限为 257.15MPa。8 号岩样在测试过程中变形量较大，轴向应变量超过 1%，环向应变量也接近 1%，总体表现出弹－塑性变形特征。

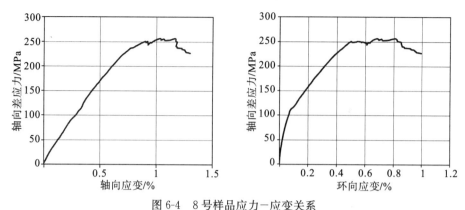

图 6-4　8 号样品应力－应变关系

围压：29.96MPa，HQ101 井，二叠系，泥岩，2236.15m

4）11 号泥岩

11 号岩样为 HQ101 井埋深 2242.41m 的二叠系泥岩。应力应变曲线图 6-5 显示，11 号岩样在围压 30.05MPa 条件下的极限强度为 65.13MPa。当轴向差应力小于 65.13MPa，岩样的轴向应变量与轴向差应力呈近线性增长，反映弹性变形过程。当轴向差应力大于 65.13MPa，应力－应变曲线向下弯曲，反映岩样的塑性变形过程。11 号岩样在岩石力学测试过程中表现出弹－塑性变形特征，岩样的变形量较大，轴向变形量超过 1%，环向变形量超过 0.7%。

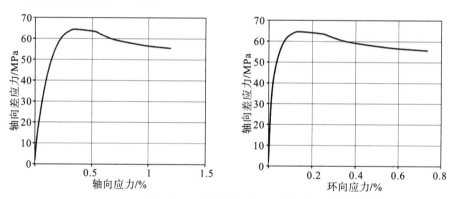

图 6-5　11 号样品应力－应变关系

围压：30.05MPa，HQ101 井，二叠系，泥岩，2242.21m

2. 凝灰岩

1）2 号凝灰岩

2 号样品是 HQ6 井埋深为 275.8m 的石炭系凝灰岩，岩石的应力－应变曲线图 6-6 显示该岩石在破裂前经历过弹性变形阶段和塑性变形阶段。轴向差应力小于 59.68MPa 时，岩样表现出弹性变形。当达到岩石强度极限 59.68MPa，岩石在略微塑性变形之后发生破裂。2 号岩样在岩石力学测试过程中总体变形量不大，轴向应变量小于 0.25%，环向应变量 0.5%。相比 HQ3 井凝灰岩样极限强度，该岩样强度明显较小。

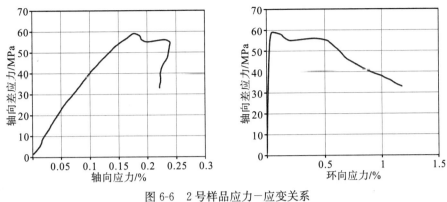

图 6-6　2 号样品应力－应变关系

围压：3.34MPa，HQ6 井，石炭系，凝灰岩，275.8m

2) 9 号凝灰岩

9 号样品为 HQ3 井埋深 1478.19m 的石炭系火山角砾岩，图 5-7 显示该岩石在轴向差应力小于 165MPa 时，应力－应变曲线近似直线，岩石表现为弹性形变。当达到165MPa，岩石开始出现塑性变形，应力－应变曲线向下弯曲，曲线斜率逐渐减小。岩石在破裂之前发生变形量较大，轴向应变量超过 1%，环向应变量超过 0.6%。9 号样品在围压 19.36MPa 条件下，表现出弹－塑性变形特征。

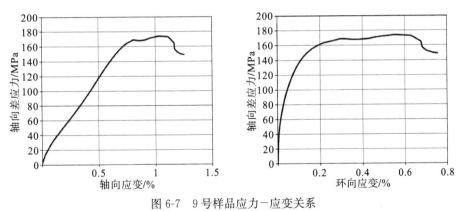

图 6-7　9 号样品应力－应变关系

围压：19.36MPa，HQ3 井，石炭系，凝灰岩，1478.19m

3) 14 号凝灰岩

14 号岩样为 HQ3 井埋深 2796m 的石炭系凝灰岩。图 6-8 应力－应变曲线显示，当轴向差应力小于 250MPa 时，该岩样表现出弹性形变特征；在轴向差应力继续增大到强度极限 271.35MPa 过程中，该岩样应力－应变曲线向下弯曲，岩石出现塑性变形。14 号岩样在破裂之前变形量较大，轴向应变量超过 1%，环向差应变量超过 0.8%。岩样总体表现出弹－塑性变形特征。

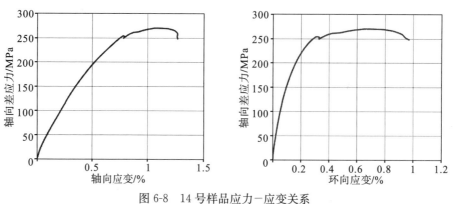

图 6-8　14 号样品应力－应变关系

围压：39.7MPa，HQ3 井，石炭系，凝灰岩，2796m

3. 火山角砾岩

1)13 号火山角砾岩

13 号样为 HQ3 井埋深 1210.3m 的石炭系火山角砾岩，应力－应变关系曲线图 6-9 显示该岩样强度极限为 164.13MPa。当轴向差应力小于 164.13MPa 时，岩石发生弹性形变；当轴向差应力大于 164.13MPa 时，屈服应力与岩石强度极限近于重合，岩石在破裂之前几乎没有塑性变形。岩石达到强度极限为 164.13MPa 时，轴向总应变量为 0.58%，环向总应变量为 0.16%，应力－应变关系曲线反映了典型的弹性变形特征。

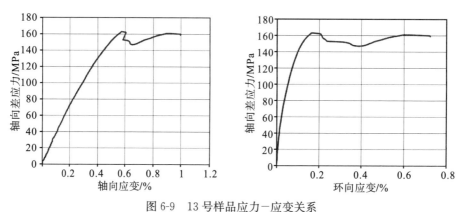

图 6-9　13 号样品应力－应变关系

围压：15.61MPa，HQ3 井，石炭系，火山角砾岩，1210.3m

2)4 号火山角砾岩

4 号岩样为 HQ101 井埋深 1436.11m 的石炭系火山角砾岩。该岩样应力－应变曲线图 6-10 显示，当轴向差应力小于 150MPa 时，主要发生弹性形变。当轴向差应力继续增大到 153.73MPa 过程中，应力－应变曲线向下弯曲，斜率逐渐变小，岩样发生塑性变形。4 号岩样在整个岩石力学测试过程中变形量较大，轴向应变量超过 1%，环向应变量接近 0.8%，岩样总体表现出弹－塑性变形特征。

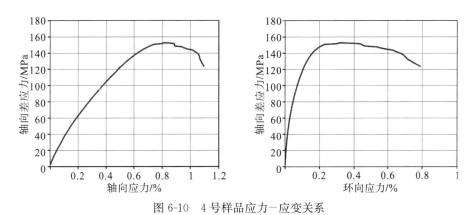

图 6-10 4 号样品应力－应变关系
围压：18.96MPa，HQ101 井，石炭系，火山角砾岩，1436.11m

四、岩石力学参数

1. 单轴抗张强度参数

岩石的抗张强度，即岩石抵抗张（或拉）力的极限强度。通常情况下，岩石在受到拉张力作用下是比较脆弱的，其抗张强度一般仅为抗压强度的 1/10～1/20。岩石抗张强度对岩石内部的孔隙、裂隙的较为敏感，一般情况下岩石内部如果存在微裂缝和孔隙发育，其抗张强度会显著降低。除了岩石内部缺陷对于抗张强度存在影响外，岩石内部组分也会对抗张强度产生影响。例如岩石的矿物成分、颗粒间接触关系、胶结类型等。

从本次研究测试样品的抗张强度的分布范围（图 6-11）来看，哈山地区二叠系泥岩的抗张强度分布范围较宽 4.46～9.51MPa，凝灰岩抗张强度范围在 9.01～13.23MPa，火山角砾岩为 6.68MPa。总的来说，火山岩的抗张强度要高于碎屑岩，抗张强度与测试岩样的致密程度存在较为密切的联系。即岩石更为致密的凝灰岩比火山角砾岩、泥岩拥有更高的抗张强度。

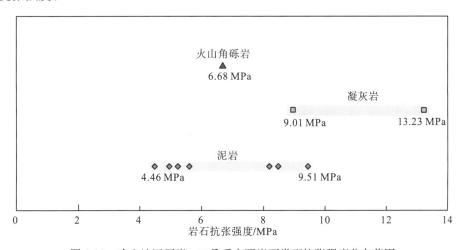

图 6-11 哈山地区石炭－二叠系主要岩石类型抗张强度分布范围

2. 三轴岩石力学参数

受岩石组成和结构的差异性影响，本次研究测试岩样的三轴岩石力学参数变化范围较宽，岩石抗压强度变化在 51.93～475.13MPa，杨氏变形模量变化在 18.75～55.92GPa，泊松比变化在 0.090～0.274。根据岩石类型对所有测试样品的力学参数进行了统计（表 6-4）。从岩石类型角度来看，研究区内二叠系泥岩的平均抗压强度、平均变形模量以及平均泊松比等参数（表 6-4）均大于石炭系凝灰岩、火山角砾岩。

表 6-4　哈山地区不同类型岩石样品的平均岩石力学参数比较

岩石类型	抗压强度/MPa		变形模量/GPa		泊松比	
	范围	均值	范围	均值	范围	均值
泥岩	51.96～475.13	277.27	18.8～55.9	44.1	0.248～0.343	0.279
凝灰岩	59.68～271.35	190.54	23.6～44.1	38.3	0.09～0.261	0.174
火山角砾岩	65.13～164.13	127.66	29.4～46.5	37.23	0.16～0.178	0.166

通过分析抗压强度、变形模量、泊松比之间的关系，发现测试岩样的围压与抗压强度、岩石类型与泊松比之间存在较为密切的联系。

通常情况下，岩石所受围压越大，岩石的抗压强度也就越大。从凝灰岩岩样的测试结果来看，围压与抗压强度之间存在明显的线性关系（图 6-12），即凝灰岩的抗压强度随围压的增大而增大，然而岩石破裂形成裂缝的能力也就越小。

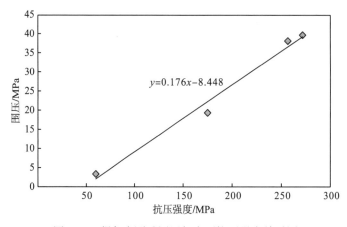

图 6-12　凝灰岩测试围压与岩石抗压强度关系图

岩石本身的矿物组成及结构特征会对岩石泊松比产生影响。岩石的泊松比主要反映岩石在压缩变形过程中的环向变形，泊松比越大，环向变形量也就越大。一般情况下，岩石的泊松比越大，岩石在压缩变形过程中就表现得越软弱，也就不容易破裂形成裂缝。从本次测试的岩石类型来看，泥岩的泊松比范围最大（0.248～0.343），凝灰岩次之（0.09～0.261），火山角砾岩最小（0.16～0.178）。以上认识表明，哈山地区石炭—二叠系各岩石类型形成裂缝的难易程度依次为泥岩→凝灰岩→火山角砾岩。

第二节 岩石力学性质的影响因素

对于一定埋藏条件下的岩石，其力学性质除主要受控于岩石的组成、结构、孔裂隙数量及其分布等内在因素外，还不同程度地受其所处的地层条件的影响。最为重要的地层条件包括地层温度、围压、流体饱和状态及层状岩石样品的方向等。关于温度、围压对岩石力学性质的影响，国内外学者已进行过大量卓有成效的实验和讨论（丁文龙等，2012；赖生华等，2004；秦启容等，2008），目前已取得的认识主要有：随温度升高，岩石的强度和杨氏模量均降低；随围压增加，岩石强度、杨氏模量和泊松比都相应提高。但是，温度和围压对岩石力学性质的影响程度不同，Handin 和 Hager(1958)曾按地表以下地温和围压随深度变化进行了多种沉积岩的强度随深度变化的试验，结果表明在约5km 深度范围内，除盐岩外，其他岩石的抗压强度在地层条件下均高于大气环境条件下。可见在地壳浅表层，岩石强度的围压效应大于温度效应。因此，可以认为在目前哈山石炭系-二叠系所取到样品的深度而言，温度对岩石力学性质的影响相对较小。鉴于上述原因，着重讨论岩石类型、先存薄弱面对岩石力学性质的影响。

一、岩石类型对力学性质的影响

1. 泥岩

岩石类型涉及岩石的成分组成、结构以及孔裂隙数量等岩石内在因素。对于哈山地区二叠系泥岩，泥质和碎屑成分的相对含量以及岩石的孔隙度都会影响到泥岩的力学特征。岩心观察发现研究区二叠系泥岩碎屑成分含有脆性矿物石英，而石英成分的加入可以提高泥岩的抗压强度和杨氏变形模量，而泊松比与其关系并不明显。孔裂隙的增加使得泥岩的抗张强度、杨氏变形模量、泊松比均有不同程度的降低，但这一因素影响不大，因为泥岩本身的原生孔隙发育极为有限。就泥岩而言，岩石自身的成分组成对岩石强度起到了关键的影响作用。

2. 火山岩

哈山地区石炭系属致密的火山岩地层。与研究区内二叠系泥岩相比，石炭系火山岩致密程度高，脆性大，因而在相同的构造应力条件下更易发生岩石的破裂形成裂缝。通过区内主要火山岩类型对比发现，原生孔隙发育程度低的凝灰岩在三轴岩石力学测试实验中比原生孔隙发育程度高的火山角砾岩具有更高的抗压强度和变形模量(图 6-13)。由此可见，岩石的致密程度是决定哈山地区石炭系火山岩裂缝发育的重要内在控制因素。

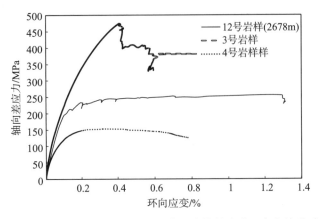

图 6-13　哈山地区石炭系－二叠系典型岩性的应力－应变关系对比

二、先存薄弱面对岩石力学性质的影响

岩石内部总是存在各种成因的"缺陷"或薄弱面，这些薄弱面可以是先期裂缝、层面或层理面、成分界面等。当样品中含有这些结构上的薄弱面时，它们会显著地减弱岩石抵抗外部应力的能力，即降低岩石样品的抗压强度和杨氏模量。如 HQ101 井的 5 号泥岩样品，其本身就存在密集发育的网状裂缝(图 6-14)，这些网状缝构成的薄弱面斜交所进行岩石力学测试样品的轴向，应力加载时当载荷达到一定程度后所测样品将优先沿着这些先存薄弱面发生破裂，但破裂并未贯穿整个岩样，其他部分还完好，岩样尽管具有一定的承载力，随着载荷增加沿该破裂面的滑移在继续，使得轴向应变和环向应变同时都有所增加(图 6-15)，结果导致岩石抗压强度和杨氏模量均存在显著的降低。而相同岩性的 3 号泥岩样品，由于其裂缝欠发育(图 6-14)，先存薄弱面对岩石强度的影响较小，因而岩石的抗压极限强度也更高(图 6-15)。

HQ101 井，二叠系，5 号样，2224.1m

HS1 井，二叠系，3 号样，2097.40m

图 6-14　HQ101 井与 HS1 井泥岩取样段裂缝特征对比

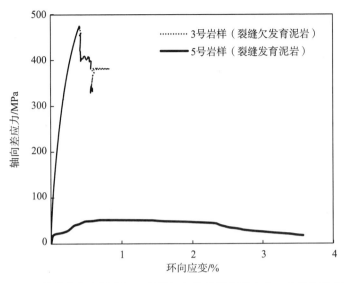

图 6-15　号裂缝发育泥岩与 3 号裂缝欠发育泥岩的应力－应变曲线对比

三、围压对岩石力学性质的影响

　　岩石在地层中必然要受到围岩赋予的地层压力——围压。前人通过大量的岩石力学试验已经证明了相同岩性的岩石在围压增大时，其抗压强度和杨氏变形模量也会相应地增加。即在相同岩石类型的前提下，岩石的埋深越大，岩石的抗压强度也就越大。通过分析发现，哈山地区石炭系凝灰岩在不同埋深条件下，岩石的抗压强度差异明显。通过岩石力学测试结果的对比(图 6-16)发现，岩石的抗压强度与岩石的埋深存在明显的正相关性。在参与对比分析的 4 件凝灰岩岩样中，12 号岩样与 14 号岩样埋深最大，其抗压强度分别达到了 371.35MPa 和 256.36MPa；埋深居中的 9 号岩样，抗压强度为174.76MPa；埋深最浅的 2 号岩样，其抗压强度最小，仅为 59.68MPa。从围压对岩石力学性质的影响来看，相同岩石类型的岩石在埋深更浅的条件下，抗压强度和变性模量也更低，其形成裂缝的可能性也最大。

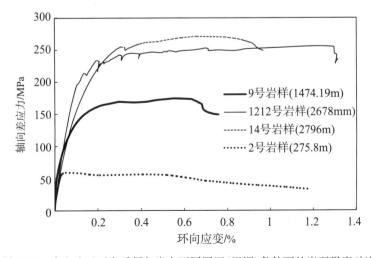

图 6-16　哈山地区石炭系凝灰岩在不同围压(埋深)条件下的岩石强度对比

第七章 裂缝发育的影响因素及有效性

火山岩原生孔隙欠发育且连通性差，其原始储集性能较差，火山岩在未经后期改造的前提下往往不能成为有效的油气储集层。因此，后期改造对于火山岩储层的发育至关重要。其中构造裂缝的形成在火山岩储层后期改造中占有重要地位（曾联波等，2012；戴亚权等，2007）。构造裂缝在增大火山岩储层的孔隙度的同时还大大提高了地层流体的渗流能力，使得低孔－低渗的火山岩也具备成为优质储层的能力。对于哈山地区石炭－二叠系储层，构造裂缝不仅控制了优质储层的分布，还在一定程度上影响着区内油气富集规律。有针对性地开展哈山地区石炭－二叠系构造裂缝的发育影响因素分析，对了区内火山岩油气藏的勘探与开发具有指导意义。

第一节 裂缝发育的影响因素

哈山地区石炭－二叠系构造裂缝发育影响因素探讨主要是基于储层岩石力学特征研究，从岩石本身的岩性、岩层厚度以及外在构造应力部位三方面对构造裂缝的影响因素展开分析。

一、岩性的影响

影响构造裂缝发育的岩性因素包括岩石组分、粒度大小、胶结状况、脆性矿物含量等，这些岩石内在因素直接决定了岩石的抗压、抗张、抗剪等岩石力学性质，也就决定了岩石断裂破坏的难易程度（范存辉等，2012）。因此，在相同构造应力条件下，岩性因素会引起不同岩石类型的裂缝发育程度的差异。根据哈山地区石炭－二叠系储层岩样的三轴岩石力学参数测试实验结果（表6-2）分析发现，二叠系碎屑岩比石炭系火山岩拥有更高的抗压强度和变形模量。通过分析岩石类型与岩石抗压强度的关系发现，获取的三种岩石类型的平均抗压强度和平均泊松比从大到小依次为：泥岩→凝灰岩→火山角砾岩（图7-1）。即相同构造应力作用下，火山角砾岩最易破裂形成裂缝，次之为凝灰岩，而泥岩破裂成缝的能力最差（图6-13）。

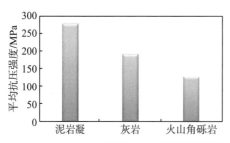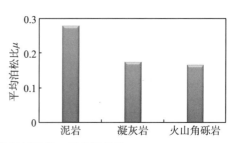

图7-1 三种岩石类型的平均抗压强度、平均泊松比

由于岩石破裂成缝的难易程度主要取决于岩石的致密程度及脆性矿物的含量。作为沉积碎屑岩类的泥岩，具有一定原生孔隙且含有大量的泥质，其岩石本身的致密程度和脆性矿物的含量都低于火成岩类，因此泥岩相对具有更高的塑性而不易破裂成缝。对于火成岩类而言，通常情况下岩石越致密，也就意味着岩石的强度越高、破裂成缝越困难。凝灰岩和火山角砾岩均由火山碎屑组成，不同之处在于火山角砾岩的火山碎屑颗粒更为粗大，其岩石也表现得更为疏松，岩石强度更低。HS2 井成像测井段裂缝发育密度与岩性关系的统计结果(图 7-2)表明，火山角砾岩裂缝发育密度相比凝灰岩具有明显优势。除考虑断裂发育部位、地层厚度、岩层围压等影响因素外，造成火山角砾岩的裂缝发育密度高的内在原因就是岩石的致密程度。

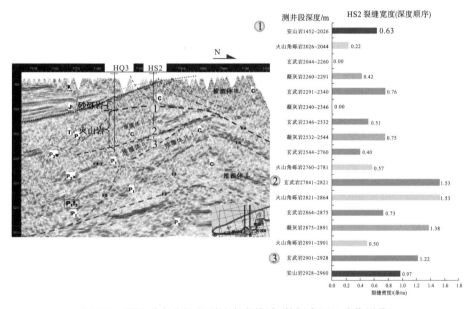

图 7-2　HS2 井各岩性段裂缝密度统计(数据来源于成像测井)

二、岩层厚度的影响

裂缝发育受岩层厚度控制的主要表现在：裂缝的发育及分布受控于岩层厚度，仅在层内发育并终止于岩性界面。一方面，岩层单层厚度对裂缝发育程度具有明显的控制作用，即岩层的单层厚度越薄裂缝越发育；另一方面，岩层的单层厚度越薄的地层其碎屑颗粒粒度也越细小，也就越致密，同样裂缝也就更为发育(周新桂等，2003)。

前人研究表明，在一定岩层厚度范围内，岩层的厚度与裂缝密度往往存在负相关性，即岩层厚度越薄，裂缝发育密度越大。由于研究区内火山岩的成层性较差，一般为致密的块状层，因而岩层的厚度对于石炭系火山岩及火山碎屑岩的地层裂缝发育影响应该并不明显。

三、构造部位的影响

储层裂缝的发育密度与所处的构造位置密切相关，因而构造位置是影响储层裂缝发育与分布的重要因素。不同构造位置的应力场强度具有显著差异性，致使裂缝发育密度也相应地表现出明显的不同。一般认为构造曲率变化大的部位最有利于形成构造裂缝(曹海防等,2007;赵应成等,2005;王光奇等,2002)。

研究区二叠系—石炭系裂缝比较发育,已有的研究认识表明,该地区构造裂缝的发育程度与断层活动密切相关,断层对于裂缝的发育和分布的控制主要是通过控制其附近局部构造应力的分布来实现。如 HS2 井在地震剖面上可见(图 7-2),断层经过的地层构造裂缝显著发育,成像测井裂缝统计密度也明显高于断层未经过地层。甚至在构造作用比较强烈的部位,构造对形成裂缝的影响可能已经掩盖了岩性带来的不利影响。

通过统计哈山 5 口钻井(HS1 井、HS2 井、HQ3 井、HQ6 井、HQ101 井)单井的整体裂缝密度(图 4-3),可以看出位于工区最北面的 HS2 井和 HS1 井单井裂缝密度最大,分别达到了 0.56 条/m 和 0.53 条/m,而较南面的 HQ3 井、HQ6 井、HQ101 井最大裂缝密度却不超过 0.22 条/m。哈山单井裂缝密度在平面上具有北高南低的特征,造成这种分布特征的主要原因是该地区在构造演化过程中受到来自北西向的挤压应力。

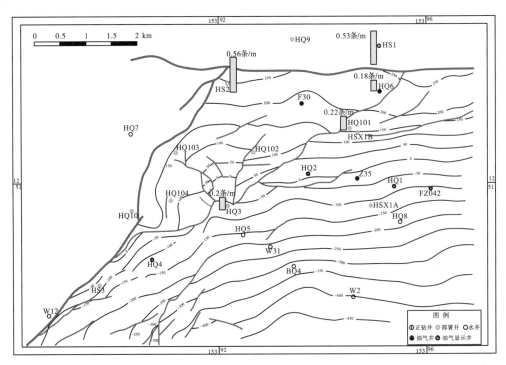

图 7-3　哈山单井裂缝密度与构造位置关系

第二节　裂缝发育期次

哈山工区位于准噶尔盆地西北缘的哈拉阿拉特山西段,同时也是属于乌夏断裂带的山前冲断带。该区经历了复杂多期的构造运动,区内石炭系、二叠系地层中普遍发育构造裂缝。为了探究该地区石炭-二叠系构造裂缝的成因机制及发育期次,有必要结合准噶尔盆地区域构造演化史,在具体的构造运动背景下对整个研究区内的构造裂缝的发育期次进行较为清晰的识别。

一、裂缝发育次序

通过哈山工区的岩心观察以及对成像测井高阻缝和高导缝的统计并结合解释的地震剖面，分析了哈山地区石炭系、二叠系地层中存在的逆断层与裂缝发育特征及期次上的关系。

哈山工区解释的地震剖面显示石炭系、二叠系的地层中主要存在 F2、F3、F4、F5、F6 五条规模相对较大的断层以及相关的派生断层。一般认为断层附近处于构造应力释放的集中区，这一区域裂缝发育密度明显高于没有断层经过或是距离断层较远的岩层，并且由于断层是具有一定产状的，受它的应力释放影响所形成的构造裂缝也同样是具有一定产状的，也就是说受不同断层控制的裂缝存在产状上的差异。在此基础之上，结合岩心观察的裂缝相互切割关系分析以及成像测井的裂缝发育分析可以判断裂缝发育的先后以及期次。

通过哈山工区的地震剖面及构造演化过程分析，认为哈山工区存在 5 条规模相对较大的断层活动并且具有明显的先后顺序，从哈拉阿拉特山西段推覆体形成与演化模式图上（图 7-4）可以判断哈山工区存在的各逆断层的活动早晚顺序为：F2→F6→F3～F5→F4。结合研究区内各钻井的岩心观察、成像测井裂缝统计以及地震剖面的解释成果，对整个区内存在的构造裂缝进行详细的期次梳理如下。

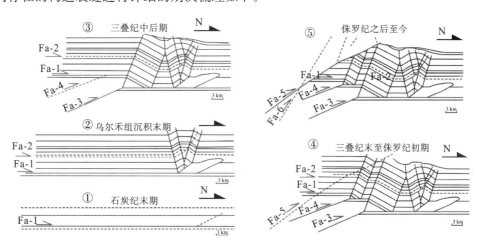

图 7-4　哈拉阿拉特山西段推覆体形成与演化模式图（刘政，2012）

1. 典型钻井裂缝发育的时序关系

1）HS1 井

HS1 井穿过 F3、F4 逆断层并且靠近 F6 逆断层，构造变形相对强烈，钻遇的石炭系、二叠系的裂缝也是相当发育的。HS1 井成像测井统计的构造裂缝参数显示，HS1 井的二叠系泥岩在 2152m 上下存在优势倾向明显不同的两组裂缝。测井深度为 1960～2152m 的泥岩段裂缝倾向表现出南东向的优势，倾角集中分布在 40°～50°；测井深度为 2152～2432m 的泥岩段裂缝具有北西优势的倾向，倾角主要集中于 50°～60°。从 HS1 井的地震解释剖面上可以发现（图 7-5），1960～2152m 泥岩段大致落在 F6 断层的活动区域，而 2152～2432m 泥岩段基本受到 F3 断层的控制。F6 断层在 HS1 井位置主要表现为低角度的南东倾特征，而 F3 断层主要表现为高角度的北西倾特征。通过对 HS1 井第 6 次取心(2151～2157.7m)的岩心观察，发现岩心存在网状裂缝的发育(图 7-6)，这显然是 F6 断层与 F3 断层两期不同应力性质的断层活动叠加造成的结果。

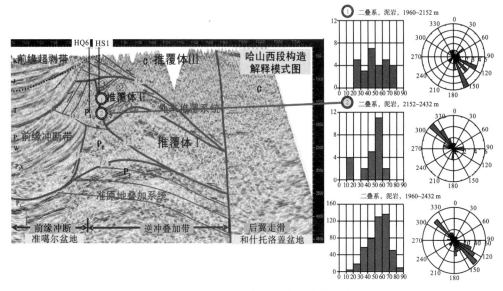

图 7-5　HS1 井二叠系泥岩段高导缝产状与构造位置关系图

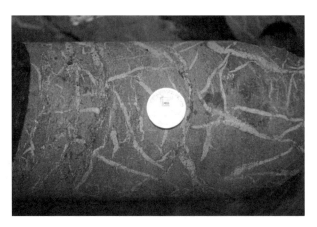

图 7-6　网状裂缝密集发育

HS1 井，泥岩，二叠系，2153.7m

成像测井裂缝发育情况显示，F6 断层控制的南东倾的裂缝发育密度比 F3 断层控制的北西倾向裂缝发育程度明显要低，并且高阻缝也是主要出现在 F6 断层控制段(图 6-7)。这说明 F6 控制的断层形成时间早，充填程度也较 F3 断层控制的裂缝要高，裂缝整体有效性比 F3 断层的要差。

总的来说，HS1 井二叠系泥岩段裂缝的发育主要受控于 F3 和 F6 断层活动，且比活动时间稍晚的 F3 断层控制的裂缝发育程度和有效性更好。

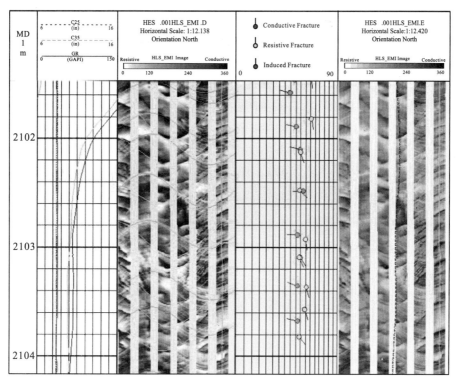

图 7-7　HS1 井受 F6 断层控制段高阻缝特征

HS1 井，泥岩段，二叠系，2102～2112m

2）HQ6 井

HQ6 井位于哈山 1 井南面，钻井穿过浅处的 F4 逆断层最终进入二叠系泥岩发育段。从过 HQ6 井的解释地震剖面上（图 7-8）可以看出，HQ6 井与 F3 断层存在一定距离，受 F3 逆断层的影响相对 HS1 井要小。

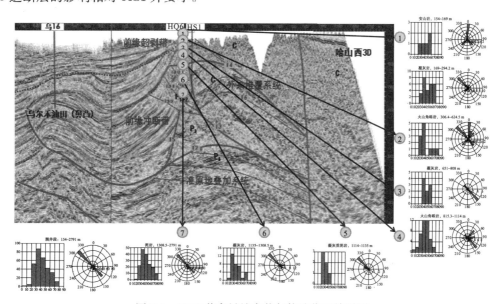

图 7-8　HQ6 井高导缝产状与构造位置关系图

　　HQ6 井在浅处主要受到 F4 断层控制，形成一系列角度较低的构造裂缝和受 F4 断层活动影响派生的高角度逆断层，倾向主要为北西向。在深度较深的井段 HQ6 井受到早期 F6 断层和晚期 F3 断层的两期活动影响，地层中存在倾向、倾角明显不同的裂缝就是最好的证据。先后两期断层活动对岩层裂缝发育的影响与 HS1 井情况类似，早期 F6 断层活动形成的裂缝的倾角优势方位是南东向，并且由于形成时间较早，这期裂缝的充填程度普遍较高，在成像测井中表现为高阻缝特征（图 7-9）。而晚期 F3 断层形成的构造裂缝的优势倾向方位为北西向，充填程度较低的裂缝成像测井图上表现为高导缝特征（图 7-10）。由于 F3 断层并未穿过该井，而是其分支断裂对 HQ6 井的影响所致，这就造

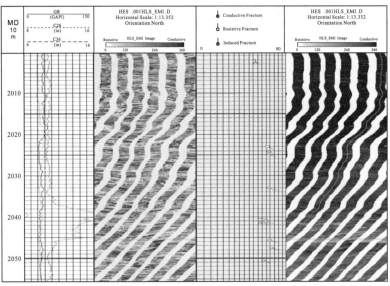

图 7-9　HQ6 井受 F6 断层控制段高阻缝特征

HQ6 井，泥岩段，二叠系，2000～2050m

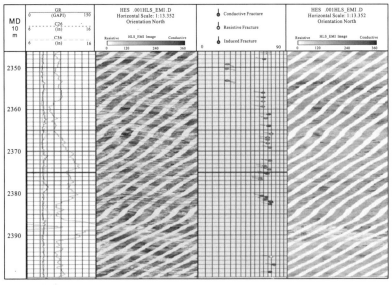

图 7-10　HQ6 井受 F3（分支）断层控制段高导缝特征

HQ6 井，泥岩段，二叠系，2350～2400m

成形成的北西倾向的裂缝倾角相对于 HS1 井较小。同样，HQ6 井在同时受到 F6 断层和
F3 断层共同影响较为集中的井段的岩心上也出现了网状裂缝(图 7-11)，但由于所受到的
构造应力的影响相对没有 HS1 井的强烈，因此，网状裂缝的发育程度也相对较低。

　　总的来看，HQ6 井的深部有效性较好的高导缝主要是 F3(分支)断层形成的北西倾
向的裂缝，浅部主要受控于 F4(分支)断层的控制，同样形成了有效性较好的北西倾向的
高导缝。

图 7-11　网状裂缝

HQ6 井，泥岩，二叠系，1919.70m

3)HQ101 井

　　HQ101 井位于 HQ6 井的西南方位，上部的岩性为石炭系的火山角砾岩，下部为埋
藏相对较深的二叠系泥岩。HQ101 井主要穿过 F4 逆断层，同时靠近 F3 逆断层，从解释
的地震剖面(图 6-12)上看，HQ101 井受 F4 逆断层的影响更大。

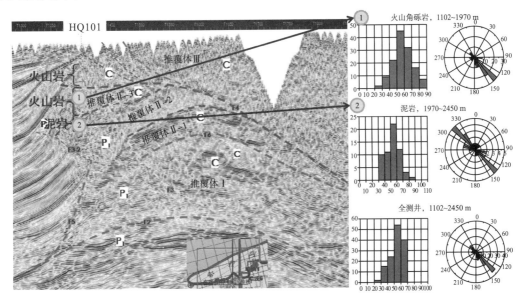

图 7-12　HQ101 井高导缝产状与构造位置关系图

　　特别是浅部的石炭系火山角砾岩普遍发育与 F4 逆断层活动相关的南东倾向的高导缝，可能 F4 断层还派生了倾角较大的分支断层，从而造成在 F4 断层控制范围内出现了倾角较高的南东倾向的高导缝(图 7-13)，而埋藏较深的二叠系泥岩层由于同时受到 F4 及 F3 相关的断层影响，发育南东倾和北西倾的高导缝，其中受控于 F3 断层的北西倾的高导缝占有一定的数量优势。

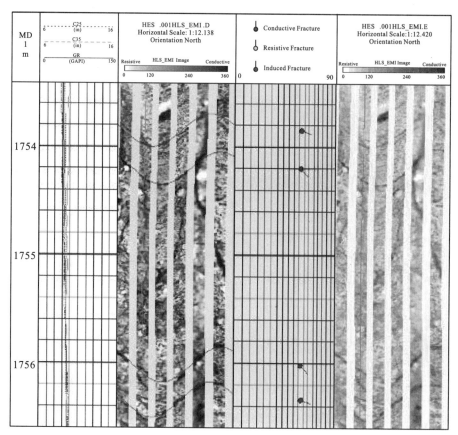

图 7-13　HQ101 井受 F4(分支)断层控制段高导缝特征

HQ101 井，火山角砾岩段，石炭系，1754~1760m

　　成像测井表明，HQ101 井发育的高导缝占有绝对优势，这与其构造裂缝主要受控于活动时间较晚的 F4 和 F3 逆断层有着直接的关系。而在 2236m 深度泥岩中出现的全充填的网状裂缝被高角度裂缝所切割(图 7-14)，高角度裂缝缝面可见油浸的现象说明，在 F3 和 F4 断层活动之前网状缝已经形成并被方解石充填，之后烃源岩生成的原油运移到裂缝中，暗示该类裂缝有效性较好。

　　总体上，HQ101 井裂缝的发育密度相比 HS1 井要小，但接近于 HQ6 井(表 4-2)，主要受控于 F3 断层的活动，晚期形成的北西倾向的高导缝占优势，有效性较好。

　　4)HQ3 井

　　HQ3 井位于 HS2 井以南，通过该井的地震剖面(图 7-15)显示钻井穿过了断层 F4 和断层 F3。通过统计和分析 HQ3 井的成像测井裂缝发育情况，发现 HQ3 井主要发育北西倾的高角度裂缝(图 7-16)，这一类裂缝成像测井解释为高导缝。

图 7-14　网状裂缝被高角度裂缝切割

HQ101 井，泥岩，二叠系，2236.15m

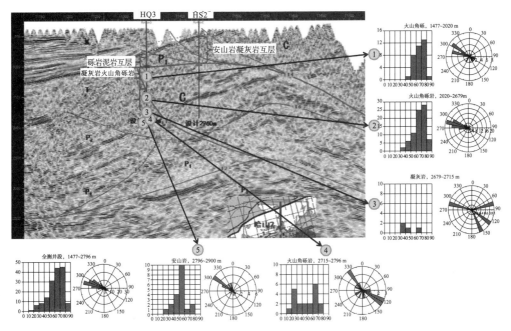

图 7-15　HQ3 井高导缝产状与构造位置关系图

图 7-16　未充填的高角度裂缝

HQ3 井，石炭系，火山角砾岩，2643.20m

　　HQ3 井浅层主要受到 F4 断层活动的控制，由于 F4 断层的走向在 HQ3 井处表现为顺层发育，且近乎水平。这也使得其形成一些倾角较低或接近水平的构造裂缝，由于 F4 断层活动时间较晚，裂缝基本上没有充填，部分裂缝可见油迹(图 7-17、图 7-18)。

　　总体上，HQ3 井的高导缝发育程度与 HQ6 井相当，浅部地层受 F4(分支)断层的控制，深部主要受控于 F3 断层，HQ3 井的成像测井解释表现出以北西倾向的高导缝占绝对优势(图 7-19)，说明 HQ3 井整体高导裂缝发育主要与 F3 逆断层活动有关。

　　5)HS2 井

　　HS2 井在分析的 5 口钻井中位于区内最西北的位置，由于更靠近山前褶皱带该井所处的构造应力也是较为强烈的。从过 HS2 井的地震解释剖面上(图 7-18)看，HS2 井所在的位置主要穿过了逆掩断层 F4 及其石炭系推覆体，由于 F4(分支)断层活动强度较大使得 HS2 井的成像测井段的裂缝发育密度在所有分析的 5 口井中也是最大的(表 4-2)。

图 7-17　低角度裂缝，断面见油迹

HQ3 井，石炭系，火山角砾岩，1475.92m

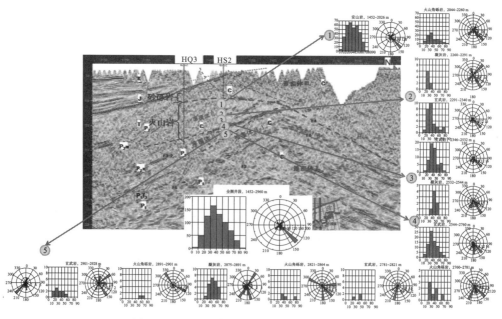

图 7-18　HS2 井高导缝产状与构造位置关系图

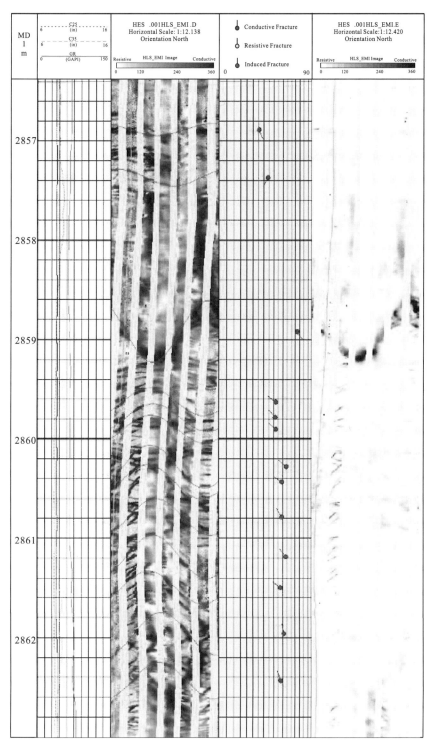

图 7-19　受 F3 断层控制的高导缝发育特征

HQ3 井，安山岩段，石炭系，2857~2863m

另外，过 HS2 井的地震剖面显示，F4 断层产状在该井所处位置主要表现为难东倾向，中－低角度的倾角，并且由于 F4 断层活动时间较晚，HS2 井形成的裂缝主要是中一低角度南东倾向的高导缝(图7-20)，岩心观察发现这些裂缝普遍充填程度较低，甚至没有充填(图7-21)。

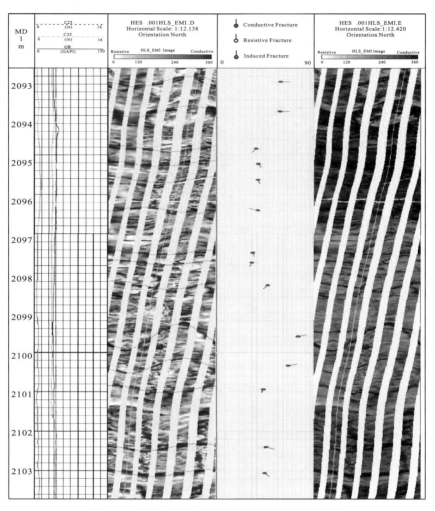

图 7-20　受 F4(派生)断层控制的高导缝发育特征

HS2 井，火山角砾岩段，石炭系，2093～2103m

图 7-21　未充填的(中－低)角度构造裂缝

HS2 井，石炭系，凝灰，1209.85m

HS2 井由于主要受控于 F4 断层的活动，中−低角度南东倾向的构造裂缝十分发育，高导缝发育密度居 5 口分析钻井之首，并且由于裂缝形成时间较晚，裂缝的充填程度较低且具有较好的有效性。

2. 哈山地区裂缝发育次序

以哈山地区各典型钻井石炭−二叠系裂缝发育次序分析为基础，按照主要断层活动顺序对区内石炭−二叠系裂缝的发育次序进行梳理。研究区内主要逆断层活动时序及发育特征如下。

1)F6 断层及伴生裂缝

根据哈山研究区范围内主要逆断层的削截关系判断(图 7-8)，F6 逆断层较 F3、F4 逆断层形成时间都要早。F6 断层在过 HS1 井、HQ101 井的地震剖面上表现为中等角度南东倾特征。此外，F6 逆断层过 HS1 井 2000～2050m 二叠系泥岩段在成像测井图像上显示为充填程度高的高阻缝(图 7-9)，这同时也佐证了 F6 逆断层及伴生裂缝形成时间较早。

2)F3 断层及伴生裂缝

地震剖面显示，F3 逆断层切过 F6 逆断层，显示其活动时间晚于 F6 逆断层。根据 HS1 井成像测井裂缝数据的统计发现，HS1 井在 2152m 二叠系泥岩上下存在优势倾向明显不同的两组裂缝。埋深相对较浅的(1960～2152m)二叠系泥岩段裂缝倾角集中分布在 40°～50°，优势倾向为南东向；而位于埋深相对较深的(2152～2432m)二叠系泥岩段倾角集中分布在 50°～60°，优势倾向为北西向。从过 HS1 井的地震剖面可以看出(图 7-8)，2152～2432m 泥岩段北西倾向的裂缝主要是受 F3 逆断层的控制。通过对 HS1 井 2151～2157.7m 井段的岩心观察，发现岩心存在网状裂缝发育(图 7-6)，这应该是岩层先后受到 F6、F3 两期逆断层不同方向的构造应力叠加改造的结果。

成像测井图像显示，F3 逆断层控制的北西倾裂缝主要为高导缝(图 7-10)，其发育密度明显高于 F6 逆断层控制的南东倾的裂缝(图 7-9)。因此，无论是以裂缝对于现今地层流体的渗流能力，还是以裂缝的发育规模而言，F3 逆断层伴生的裂缝均要好于 F6 逆断层伴生的裂缝。

3)F4 断层伴生裂缝

HQ101 井位于 HQ6 井的西南方位，上部浅层石炭系岩性为火山角砾岩，下部深层为二叠系泥岩。HQ101 井主要穿过 F4 逆断层，同时靠近 F3 逆断层，从地震剖面(图 7-12)可以看出，HQ101 井受 F4 逆断层的影响更大。特别是浅部的石炭系火山角砾岩普遍发育与 F4 逆断层活动相关的南东倾的高导缝，F4 断层还派生了倾角较大的分支断层，从而造成在 F4 断层控制范围内出现了倾角较高的南东倾向的高导缝(图 7-20)，而深部的二叠系泥岩由于同时受到 F4 及 F3 相关的断层影响，发育南东倾和北西倾高导缝，其中受控于 F3 断层的北西倾的高导缝占有数量优势。

成像测井图像显示，HQ101 井发育的高导缝占有绝对优势，这与其构造裂缝主要受控于活动时间较晚的 F4 和 F3 逆断层有着直接的关系。而 2236m 处的泥岩段出现的全充填的网状裂缝被高角度裂缝切割(图 7-14)，高角度裂缝缝面可见油浸的现象说明，在 F3 和 F4 断层活动之前网状缝已经形成并全充填，而后期 F4 断层伴生的高角度裂缝有效性较好。

二、构造演化与裂缝发育时期

前面章节中已经对岩心和成像测井所反映的裂缝发育特征作了较为详尽的描述。但岩心观察和成像测井的解释始终是一孔之见。通常情况对整个区域的裂缝之间相互切割和交错关系以及裂缝的空间配置等不能作全面的分析，也很难有效地区分各个时期所发育裂缝的空间分布。因此对于区内构造裂缝的形成时期以及与油气成藏配套研究难以展开。由于哈山地区石炭-二叠系裂缝类型主要是构造裂缝，因而可以通过分析构造裂缝的产状与各个时期构造运动的活动特征之间的关系对裂缝的发育时期进行标定。由于盆地构造演化与区域大地构造演化密切相关（何国琦等，1995），对于哈山地区的构造演化的分析应该以准噶尔盆地的构造演化背景为依据（表1-1），且与准噶尔盆地西北缘的构造实际情况相结合。根据前人研究（何国琦等，1995；林祖彬等，2006；张义杰，2010）认为，准噶尔盆地西北缘地区在石炭系火山岩形成之后，区域构造发育过程中经历了海西运动中、晚期的构造挤压，印支运动的继承性发育以及燕山运动的外压内张等4个期次的构造运动，并最终形成哈拉阿拉特山现今的盆山耦合关系和面貌（图7-22）。

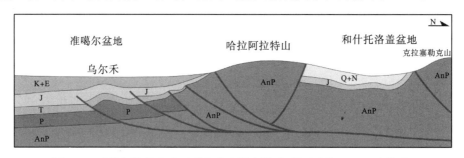

图 7-22　哈拉阿拉特山地区现今盆山耦合关系（据冯建伟，2010 有修改）

海西中期，准噶尔盆地西北缘推覆构造带还未形成，准噶尔地体与哈萨克斯坦地体之间的断陷槽由于板块碰撞开始关闭（徐学义等，2014），受到了北西-南东向的构造挤压应力作用，西北缘地区出现了与北东向挤压构造应力垂直的北西向的基底走滑断层活动，在北东构造体系雏型形成的同时还发育了与原始水平岩层近乎垂直的北西向和北东向两组"X"形共轭剪切裂缝（杨庚等，2011）。海西中期中晚幕，持续的北西向的构造应力在地层中形成了北西向的高角度的横张裂缝。与此同时，已有的北东向、东西向的逆断层在不断加强的构造应力作用下，发育了一系列断层伴生剪切裂缝。

海西晚期，在北西向构造挤压力再次作用下，准噶尔盆地西北缘地区在已有的北东向挤压破碎带基础上不断发展成了规模巨大的北东向逆断层并发生一定程度的左旋剪切变形（谭开俊等，2008）。这一期构造运动改造了早期形成的北西向和北东向两组"X"形共轭剪切裂缝，使其表现出剪切后再拉张的特征。由于北西向构造挤压力的持续作用，岩层在原有裂缝基础上继续发育了北东向的两组"X"形高角度共轭剪切裂缝，并使得先期形成的与构造主应力方向垂直的高角度横张裂缝的发育规模被进一步扩大（冯建伟，2008）。海西晚期的共轭剪切裂缝由于发育规模大，裂缝宽度宽、延伸长度大，是研究区内最为广泛的构造裂缝类型。

印支期，是准噶尔盆地构造格局基本定型时期（朱世友等，2015；谭开俊等，2008；

鲁兵等，2008），同时也是哈拉阿拉特山推覆体形成的重要时期。该构造时期，准噶尔盆地西北缘地区总体经历的构造运动强度相较海西晚期有一定程度的减弱。但乌夏断裂带的逆冲推覆构造活动并未停止而是继续向盆地内部推覆。这一过程中白杨河基底断裂由于推覆应力的不均衡而重新活跃，并切割所经过的二叠岩层（冯建华，2008）。哈拉阿拉特山北侧的达尔布特断裂在乌夏断裂带经历了多期幕式挤压构造活动，过程中表现出左旋走滑活动特征（樊春等，2014），并形成了一系列的北西西向的左旋雁列式断裂组合。印支晚期，准噶尔地体与哈萨克斯坦地体之间发生了短期的较强的软碰撞，此时南面印度板块向北强烈俯冲，致使准噶尔地体向北呈三角状挤压，同时由于受到来自西伯利亚板块向南的反向构造应力的作用，加之受到盆地前缘沉积的巨厚的二叠、三叠系地层的阻挡，因而西准噶尔盆地发生了大规模的逆掩和推覆（冯建伟，2008）。达尔布特断裂作为板块边缘地缝合线向北以垂向和后展运动方式进行构造应力释放，继而导致达尔布特北形成反冲断裂并伴随走滑断层活动。两条断层之间的石炭系地层在逆冲推覆构造活动作用下被冲起抬升，也就形成了现今北东走向的哈拉阿拉特山的基本面貌。这一构造时期发育了与断层走向大体一致的伴生构造裂缝。

燕山期，该期构造运动强度进一步减弱直到停止活动，对乌夏断裂带的构造形变影响不大（赵白，2004）。该期构造活动只是对早期构造的轻微改造，主要是进一步形成了少量与断层派生的小型剪切裂缝。

以上 4 期构造运动控制了哈山地区石炭系和二叠系中构造裂缝发育的产状、方位及组系等。前两期构造运动是发生在推覆体形成之前和形成过程中，即海西运动中、晚期的构造运动。后两期构造运动发生在推覆体形成之后，即印支、燕山构造运动。这就导致了先期构造运动活动期所形成的构造裂缝会在后期构造运动的调整改造过程中发生一定程度上的变化，而后期构造活动所形成的构造裂缝将最大程度地保持原有状态。

准噶尔盆地西北缘地区所经历的四个主要构造时期，特别是海西晚期，挤压构造活动在地层中形成了多种类型的构造裂缝，并且以垂直于原始地层的早期区域性构造裂缝和晚期推覆体伴生构造裂缝最为重要。其中垂直于原始地层的早期区域性构造裂缝在后期推覆构造活动过程中产状发生不同程度变化，有些裂缝产状甚至接近于水平。因而，现今岩心中观察到的一部分水平缝或低角度缝应该属于早期垂直于原始地层的区域性构造裂缝。而晚期推覆体伴生构造裂缝的延伸方向与逆断层基本近于平行，其裂缝延伸方向也主要是北东-南西向。

研究区位于哈拉阿拉特山西段的乌夏断裂带山前冲断带，推覆构造发育。从解释的地震剖面来看，哈山钻井涉及的石炭系和二叠系基本上都属于外来的推覆体，与推覆体同期形成的还有逆断层。这些逆断层产状不同、活动的先后顺序不同，所形成的构造裂缝的产状和充填程度也是各不相同，并且存在明显的相互切割交错，最终构成了现今研究区复杂的裂缝系统。根据前人对哈山地区推覆体的研究并结合研究区实际的裂缝特征分析，以及研究区最晚一期活动的 F3、F4 断层被凹陷边界的三叠系地层截断，认为哈山地区推覆体主要的形成时期为印支期，也就是说工区石炭系—二叠系中与推覆体断层活动有关的构造裂缝（特别是晚期有效裂缝）的主要形成时期应该为印支期。

第三节　裂缝的有效性及分布

有效裂缝指的是自然条件下，处于开启状态具有流体渗流能力的一类裂缝。一旦裂缝存在其他矿物充填，其流体渗流能力随之减弱，裂缝的有效性相应降低。对于被矿物完全充填的裂缝，基本可以视为无效裂缝。只有那些未被矿物充填或受后期溶蚀、构造改造而重新开启的裂缝才被视为有效裂缝。

只有裂缝发育期与油气成藏期匹配，凹陷区的油气才能借助断裂与裂缝的输导运移至火山岩储层，此外这些裂缝现今只有保持开启，火山岩中的油气才能在裂缝的沟通下进行有效的开采。因此，针对哈山地区石炭-二叠系油气成藏研究而言，有必要对有效裂缝进行更为具体的界定，即与主要油气成藏期次匹配且现今仍然处于开启状态的裂缝才是研究区内油气成藏的最为有效的裂缝。

一、裂缝的有效性分析

前人研究表明(冯建伟，2008)，乌夏断裂带及斜坡区聚集的油气主要来源于玛湖凹陷。伴随着构造演化的多阶段性，乌夏断裂带及斜坡区经历了多期油气成藏过程。准噶尔盆地西北缘普遍存在晚二叠世—早三叠世、晚三叠世—早侏罗世、晚侏罗世—早白垩世的三期主要油气充注过程。哈山地区位于盆地西北缘的乌夏断裂带斜坡区，因而区内的油气成藏期次与乌夏断裂带具有可对比性。储层包裹体均一温度研究表明，哈山地区也存在以上三期油气充注过程。

晚二叠世—早三叠世，玛湖凹陷的二叠系风城组烃源岩开始成熟生烃，此时印支构造运动强烈，凹陷区二叠系风城组泥岩生成的油气在活动断层的沟通下向乌夏断裂带及斜坡区-哈山地区运移。该期是哈山地区石炭-二叠系第一次油气成藏期。由于晚二叠世—早三叠世，风城组烃源岩尚未达到生排烃高峰期，因此该期油气充注对于哈山石炭-二叠系油气成藏影响不大。

晚三叠世—早侏罗世，玛湖凹陷二叠系主力烃源岩风城组进入大量生排烃期(冯建伟，2008)，与此同时，印支期构造运动趋于最强，大规模的逆冲推覆活动在哈山地区石炭-二叠系中形成了大量构造裂缝。处于活动期的乌夏断裂带为玛湖凹陷二叠系烃源岩生成的油气运移至哈山地区提供了良好的运移通道。此时，哈山地区石炭-二叠系接受第二次规模较大的油气充注。

晚侏罗世—早白垩世，玛湖凹陷二叠系风城组、下乌尔禾组烃源岩均进入高成熟—过成熟阶段。燕山Ⅱ幕构造活动导致乌夏断裂带部分断层重新活动。在乌夏断裂带的沟通下，哈山地区再次接受玛湖凹陷的二叠系烃源岩生成的油气的充注。这也是哈山地区石炭-二叠系第三期重要的油气成藏过程。

白垩纪末期至今，燕山Ⅲ幕构造运动强度进一步减弱，准噶尔盆地西北缘进入相对稳定的构造演化阶段，乌夏断裂带深部断层已停止活动。由于缺乏断裂沟通油源，哈山地区大规模油气成藏活动可能相对较弱。

关于哈山地区石炭-二叠系储层裂缝的有效性判断主要是基于裂缝的开启状态及油

气显示程度，通过探讨裂缝发育时间与主要油气成藏期的关系对裂缝的有效性进行识别。

从准噶尔盆地西北缘区域地质构造演化角度分析，哈山推覆体成型于印支期，因此与推覆体共生的逆断层也主要是形成于印支期。但就推覆体的形成与演化过程而言，各共生逆断层是存在先后活动顺序的，研究认为逆断层的活动顺序为：F2＞F6＞F3～F5＞F4。

通过对哈山推覆体的构造分析，研究认为F2断层在水平挤压作用下首先发生顺层滑动并在推覆体前缘形成传播褶皱。

随着挤压应力的加大，传播褶皱处的推覆体发生顺层破裂形成F6断层，并在此时形成伴生的南东倾裂缝。该期裂缝形成时间较早，充填程度高，未见明显油气显示，成像测井主要表现为高阻缝。本地区二叠系泥岩发育该类裂缝，说明F6断层伴生的南东倾裂缝形成时间应早于风城组烃源岩的成熟期——晚二叠世。由于F6断层伴生裂缝在油气充注前就几乎被完全充填，因而裂缝的形成与区内第一期油气充注并不匹配，该期裂缝被视为无效裂缝。

F6断层活动后，F3断层活动前的过渡期，南北向的挤压推覆应力持续增强，在强烈的挤压应力作用下，哈山地区二叠系泥岩中发育网状裂缝。通过岩心观察发现，网状裂缝充填程度高，几乎无油气显示，表明其形成时间与F6断层伴生裂缝接近，同样应该早于二叠系风城组烃源岩的成熟期。该类网状裂缝的形成时间与充填时间均较早，未能与二叠系风城组烃源岩的主要生排烃期有效匹配，因而也被视为无效裂缝。

网状裂缝形成之后，哈山推覆体继续演化，传播褶皱被F3断层错断。F3断层活动过程中伴生了高角度的北倾裂缝。这类裂缝在区内二叠系泥岩段主要表现为：呈高角度发育，切割早期充填程度高的网状裂缝。该期裂缝充填程度普遍较低，可见大量的原油及沥青充注，表明裂缝形成时间与二叠系烃源岩主要生排烃期是匹配的，因而判断F3断层伴生的高角度裂缝形成时间为晚二叠世—早三叠世。结合哈山石炭—二叠系储层油气包裹体的研究成果，分析认为该期裂缝可能接受了晚二叠世—早三叠世、晚三叠世—早侏罗世、晚侏罗世—早白垩世三期大规模油气充注过程。由于油气进入储层使得裂缝的充填作用被抑制，直到现今依然保持开启状态，因此该期裂缝对于油气成藏而言，为有效裂缝。

哈山推覆体演化至后期，F4断层及派生分支断层主要在区内浅部活动，并在区内浅部石炭系中形成缝面平直的未充填裂缝。与F3断层伴生高角度裂缝相比，该期裂缝油气显示相对较弱，缝面仅可见少量的油迹(图7-23)，判断其油气显示应该为早期油藏在后期调整过程中二次运移所致。基于以上分析认为，F4及派生分支断层伴生裂缝的形成时间应该晚于最后一期油气充注。由于裂缝发育期与主要油气充注期未能匹配。该期裂缝仅与哈山地区先期油气藏调整过程中的少量油气充注，因而其有效性不及F3断层伴生裂缝，但也属有效缝范畴。

根据第五章裂缝充填物包裹体研究所划分的哈山石炭—二叠系油气成藏期次及裂缝有效性分析，认为F3断层伴生裂缝恰好为晚二叠世—早三叠世、晚三叠世—早侏罗世、晚侏罗世—早白垩世三期主要油气充注提供了必要的运移输导条件和油气储集空间。这表明F3断层伴生裂缝是对于哈山地区石炭—二叠系油气成藏意义重大。另外，F4及派生分支断层所形成的裂缝与哈山地区石炭－二叠系油气藏的调整成藏期匹配,可见一定程度的油气显示,因而也是区内石炭－二叠系油气成藏重点关注的对象。

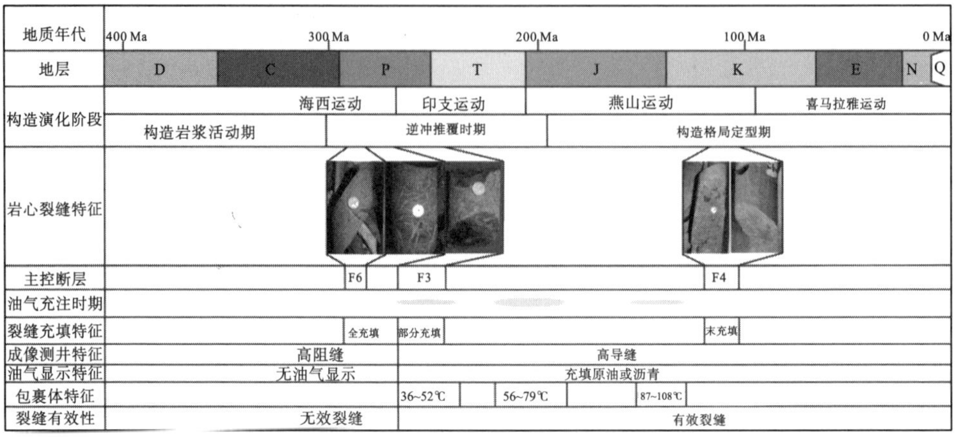

地质年代	400 Ma		300 Ma		200 Ma		100 Ma		0 Ma
地层	D	C	P	T	J	K	E	N	Q
构造演化阶段		海西运动	印支运动		燕山运动		喜马拉雅运动		
	构造岩浆活动期		逆冲推覆时期			构造格局定型期			
岩心裂缝特征									
主控断层		F6	F3			F4			
油气充注时期									
裂缝充填特征		全充填	部分充填			未充填			
成像测井特征		高阻缝			高导缝				
油气显示特征		无油气显示			充填原油或沥青				
包裹体特征			36~52℃	56~79℃	87~108℃				
裂缝有效性		无效裂缝			有效裂缝				

图 7-23　哈山地区石炭—二叠系裂缝发育期次与油气充注关系

二、有效裂缝的分布

哈山地区构造演化先后经历了海西运动中期、晚期,印支运动以及燕山运动等多期的构造运动,特别是印支期的构造运动对于区内石炭－二叠系构造裂缝发育及分布有着重要的影响。

平面上,最大水平主应力的分布决定裂缝的平面发育程度。地应力方位与井眼崩落及诱导缝的方位关系密切,在直井中,从图像上分析井眼崩落及钻井诱导缝的发育方位可以确定最大或最小水平主应力方向。诱导缝在成像图上应为一组平行且呈 180° 对称的高角度裂缝,这组裂缝的方向即为现今最大水平主应力的方向。通过对研究区 HS1 井、HS2 井、HQ6 井成像测井诱导缝的拾取,研究分析了钻井附近的构造应力特征。从统计的结果(表 7-1)来看,位于研究区北面的 HS1 井和 HS2 井附近地层的最大主应力方向为北西－南东向,而位于区内南东方位的 HQ6 井附近地层的最大主应力方向为北西西－南东东向。

哈山地区的总体构造形态受大的区域构造活动所控制,区内长期受北东走向的达尔布特走滑断层活动的影响,因而使得现今研究区的总体构造应力方向为北西－南东向。这表明,HS1 井、HS2 井附近地层最大主应力方向与区内的总体构造主应力方向一致,而 HQ6 井附近地层最大主应力方向相比区内总体构造主应力方向相对更为偏西。最大水平主应力决定了裂缝在平面上发育的方位及密度,显然 HS1 井、HS2 井在裂缝发育产状方面与区内总体构造应力方向更为接近。另外,HS1 井、HS2 井相比 HQ6 井更靠近达尔布特走滑断裂,因此其经历的构造活动强度也更为强烈,因此也具有更高的裂缝发育密度。

表 7-1　哈山钻井诱导缝产状与最大地应力方向关系

井号	诱导缝			最大地应力方向
	倾角	倾向	走向	
HS1	$70°\sim90°$	北西	北东－南西	北西－南东
HS2	$50°\sim88°$	北西	北东－南西	北西－南东
HQ6	$60°\sim70°$	北西西	北北东－南南西	北西西－南东东

根据研究区石炭－二叠系裂缝有效性的分析认为，研究区内与油气关系最为密切的有效裂缝普遍与 F3 断层活动有关并可能受到 F4 断层影响，主要原因可能是 F3 断层为北倾的高角度逆断层，其深部活动影响区靠近玛湖凹陷，并且其活动时间与玛湖凹陷二叠系烃源岩的主要生烃期匹配，F3 断层伴生的裂缝可以为凹陷区的油气从深部垂向运移浅部提供良好的输导系统，而 F4 断层活动深度浅，可能并不能提供良好的垂向运移条件，但是其形成的晚期未充填裂缝可以为油气提供储集空间。另外，根据研究区裂缝充填物地球化学分析认为，油源流体在研究区内活动较为广泛，尤其是位于研究区南部靠近玛湖凹陷的 HQ3 井、HQ101 井钻井岩心可见丰富的油气显示，其裂缝充填方解石具有明显的油源流体改造特征。而位于 HQ3 井、HQ101 井以北的其他钻井，其裂缝充填方解石的成因也主要是火山热液和大气水的改造两类，各钻井岩心油气显示也相对较差。综合裂缝期与油气充注期的配置关系以及裂缝充填物的流体地球化学分析认为，平面上哈山地区有效裂缝主要发育在 F3 断层与 F4 断层活动叠加区，尤其是 HQ3 井区至 HQ101 井区一带(图 7-24)。

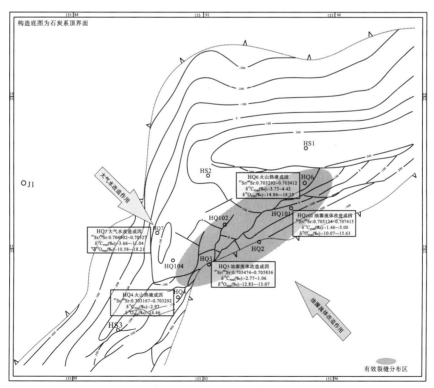

图 7-24　哈山地区石炭系－二叠系有效裂缝平面分布预测图

纵向上，地层岩性和断裂发育位置都会影响到构造裂缝纵向发育及分布。研究区的岩石力学特征分析表明，火山角砾岩是区内构造裂缝最易发育的岩石类型。通过研究区地震剖面与成像测井裂缝统计数据相结合，发现在相同的构造部位，火山角砾岩相比其他岩性具有更高的裂缝发育密度。然而构造应力释放较强的断裂部位可能会抵消岩性对于裂缝发育程度的控制作用，例如 HQ101 井的火山角砾岩裂缝密度为 0.14 条/m，而构造应力释放强烈的断裂部位泥岩的裂缝发育密度也达到了 0.13 条/m。尽管裂缝的发育密度是火山岩储层性能的重要评价参数，但需要指出的是，在评价过程中还应更多地考虑裂缝的成藏有效性。因此，研究区内 F3、F4 断层在纵向上所经过的岩层是有效裂缝的有利的发育层位，尤其是脆性较大的火山角砾岩发育层。

以上分析表明研究区有效裂缝的分布特征为：平面上，有效裂缝主要分布在 F3 与 F4 断层活动叠加区；纵向上，有效裂缝主要分布在 F3 与 F4 断层经过的石炭系火山岩地层（特别是火山角砾岩发育区）。

参考文献

蔡春芳，梅博文，马亭. 1997. 塔里木盆地流体－岩石相互作用研究[M]. 北京：地质出版社.

蔡国刚，童亨茂. 2010. 太古宇潜山不同岩石类型裂缝发育潜力分析——以辽河西部凹陷为例[J]. 地质力学学报，(3)：260-270.

曹海防，夏斌，范立勇，等. 2007. 柴达木盆地西部南翼山裂缝油气藏形成机制及分布规律[J]. 天然气地球科学，(1)：71-73.

曹剑，胡文瑄，姚素平，等. 2007. 准噶尔盆地石炭－二叠系方解石脉的碳、氧、锶同位素组成与含油气流体运移[J]. 沉积学报，(5)：722-729.

陈发景，汪新文，汪新伟. 2005. 准噶尔盆地的原型和构造演化[J]. 地学前缘，12(3)：77-89.

陈业全，王伟锋. 2004. 准噶尔盆地构造演化与油气成藏特征[J]. 石油大学学报(自然科学版)，28(3)：4-9.

陈中红，查明，金强，等. 2011. 东营凹陷古近系升藿烷生物标志物参数分布及演变规律[J]. 沉积学报，(1)：173-183.

戴俊生，徐建春，孟召平，等. 2003. 有限变形法在火山岩裂缝预测中的应用[J]. 石油大学学报(自然科学版)，27(1)：1-3＋10-9.

戴亚权，罗静兰，林潼，等. 2007. 松辽盆地北部升平气田营城组火山岩储层特征与成岩演化[J]. 中国地质，34(3)：528-535.

丁安娜，惠荣耀，王屹涛. 1994. 准噶尔盆地西北缘石炭、二叠系烃源岩有机岩石学特征[J]. 新疆石油地质，(3)：220-225.

丁文龙，李超，李春燕，等. 2012. 页岩裂缝发育主控因素及其对含气性的影响[J]. 地学前缘，19(2)：212-220.

杜金虎. 2010. 新疆北部石炭系火山岩油气勘探[M]. 北京：石油工业出版社.

杜学斌，张成，张彩明. 2005. 稳定同位素地球化学在盆地流体分析中的应用现状及发展前景[J]. 油气地质与采收率，12(4)：20-22.

段毅. 2010. 中国西部盆地油藏地球化学[M]. 北京：科学出版社.

樊春，苏哲，周莉. 2014. 准噶尔盆地西北缘达尔布特断裂的运动学特征[J]. 地质科学，49(4)：1045-1058.

范存辉，秦启荣，支东明，等. 2012. 准噶尔盆地西北缘中拐凸起石炭系火山岩储层裂缝发育特征及主控因素[J]. 天然气地球科学，23(1)：81-87.

冯建伟. 2008. 准噶尔盆地乌夏断裂带构造演化及控油作用研究[D]. 北京：中国石油大学.

高长海，查明，曲江秀，等. 2015. 准噶尔盆地西北缘不整合储层流体包裹体特征与油气成藏期次[J]. 天然气工业，35(11)：23-32.

高奇东，赵宽志，胡秀芳，等. 2011. 塔里木盆地奥陶系碳酸盐岩碳氧同位素组成及流体来源讨论[J]. 浙江大学学报：理学版，38(5)：579-583.

高霞，谢庆宾. 2007. 储层裂缝识别与评价方法新进展[J]. 地球物理学进展，22(5)：1460-1465.

高先志，陈发景. 2000. 应用流体包裹体研究油气成藏期次——以柴达木盆地南八仙油田第三系储层为例[J]. 地学前缘，(4)：548-554.

韩宝福，季建清. 2006. 新疆准噶尔晚古生代陆壳垂向生长-后碰撞深成岩浆活动的时限[J]. 岩石学报，22(5)：1077-1085.

韩立国，张枝焕，李伟. 2006. 准噶尔盆地中部Ⅰ区块现今油气运移方向研究[J]. 地球学报，27(4)：335-340.

何登发，陈新发，况军，等. 2010a. 准噶尔盆地石炭系烃源岩分布与含油气系统[J]. 石油勘探与开发，37(4)：397-408.

何登发，陈新发，况军，等. 2010b. 准噶尔盆地石炭系油气成藏组合特征及勘探前景[J]. 石油学报，31(1)：1-11.

何登发，管树巍，张年富，等. 2006. 准噶尔盆地哈拉阿拉特山冲断带构造及找油意义[J]. 新疆石油地质，27
　　（3）：267-269.

何登发，翟光明，况军，等. 2005. 准噶尔盆地古隆起的分布与基本特征[J]. 地质科学，40（2）：248-261.

何国琦，李茂松，贾进斗，等. 2001. 论新疆东准噶尔蛇绿岩的时代及其意义[J]. 北京大学学报，37（6）：852-858.

何国琦，李茂松，刘德权，等. 1994. 中国新疆古生代地壳演化及成矿[M]. 新疆：新疆人民出版社.

何国琦，刘德权，李茂松，等. 1995. 新疆主要造山带地壳发展的五阶段模式及成矿系列[J]. 新疆地质，
　　（2）：99-176.

何国琦，刘建波，张越迁，等. 2007. 准噶尔盆地西北缘克拉玛依早古生代蛇绿混杂岩带的厘定[J]. 岩石学报，23
　　（7）：1573-1576.

胡杨，夏斌. 2012. 新疆北部哈山地区构造演化特征及油气成藏条件初步分析[J]. 沉积与特提斯地质，32
　　（2）：52-58.

胡作维，黄思静，王春梅，等. 2009. 锶同位素方法在油气储层成岩作用研究中的应用[J]. 地质找矿论丛，24
　　（2）：160-165.

黄思静，石和，张萌，等. 2002. 锶同位素地层学在碎屑岩成岩研究中的应用[J]. 沉积学报，20（3）：359-366.

鞠玮，侯贵廷，冯胜斌，等. 2014. 鄂尔多斯盆地庆城－合水地区延长组长 6_3 储层构造裂缝定量预测[J]. 地学前
　　缘，21（6）：310-320.

赖生华，余谦，周文，等. 2004. 楚雄盆地北部上三叠统—侏罗系裂缝发育期次[J]. 石油勘探与开发，31
　　（5）：25-29.

雷振宇，鲁兵，蔚远江，等. 2005. 准噶尔盆地西北缘构造演化与扇体形成和分布[J]. 石油与天然气地质，26
　　（1）：86-91.

李广龙. 2013. 哈山地区石炭系火成岩油气成藏特征及控制因素分析[D]. 青岛：中国石油大学（华东）.

李锦轶，肖序常，陈文. 2000. 准噶尔盆地东部的前晚奥陶世陆壳基底——来自盆地东北缘老君庙变质岩的证据[J].
　　中国区域地质，19（3）：297-302.

李锦轶，肖序常. 1999. 对新疆地壳结构与构造演化几个问题的简要评述[J]. 地质科学，34（4）：405-419.

李军，薛培华，张爱卿，等. 2008. 准噶尔盆地西北缘中段石炭系火山岩油藏储层特征及其控制因素[J]. 石油学报，
　　29（3）：329-335.

李丕龙，冯建辉，陆永潮，等. 2010. 准噶尔盆地构造沉积与成藏[M]. 北京：地质出版社.

李玮，胡健民，瞿洪杰. 2009. 新疆准噶尔盆地西北缘中生代盆地边界探讨[J]. 西北大学学报（自然科学版），39
　　（5）：821-830.

李延河. 1998. 同位素示踪技术在地质研究中的某些应用[J]. 地学前缘，（2）：275-281.

林祖彬，吴兴华，王燕，等. 2006. 准噶尔盆地石炭系基底构造带区划与油气分布[J]. 新疆石油地质，27
　　（4）：389-393.

凌标灿，孟召平，彭苏萍. 2000. 不同侧压下沉积岩变形与强度特征[J]. 煤炭学报，1（25）：15-18.

刘传联. 1998. 东营凹陷沙河街组湖相碳酸盐岩碳氧同位素组分及其古湖泊学意义[J]. 沉积学报，（3）：109-114.

刘存革，李国蓉，张一伟，等. 2007. 锶同位素在古岩溶研究中的应用——以塔河油田奥陶系为例. 地质学报，81
　　（10）：1398-1406.

刘德汉，卢焕章，肖贤明. 2007. 油气包裹体及其在石油勘探和开发中的应用[M]. 广州：广东科技出版社.

刘德汉，肖贤明，田辉，等. 2008. 含油气盆地中流体包裹体类型及其地质意义. 石油与天然气地质，29
　　（4）：491-501.

刘虹瑜，郗爱华，冉启全，等. 2012. 准噶尔盆地滴西地区石炭系火山岩储层次生孔隙的岩相学特征及主控因素[J].
　　岩性油气藏，24（3）：51-55.

刘立，孙晓明，董福湘. 2004. 大港滩海区沙一段下部方解石脉的地球化学与包裹体特征——以港深 67 井为例[J].
　　吉林大学学报（地球科学版），34（1）：49-54.

刘政. 2012. 准噶尔盆地西北缘哈拉阿拉特山推覆构造形成演化与构造建模[D]. 北京：中国地质大学.

柳成志，孙玉凯，于海山，等. 2010. 三塘湖盆地石炭系火山岩油气储层特征及碱性成岩作用[J]. 吉林大学学报（地

球科学版），40(6)：1221-1231.

卢焕章，范宏瑞，倪培，等. 2004. 流体包裹体[M]. 北京：科学出版社.

鲁兵，张进，李涛，等. 2008. 准噶尔盆地构造格架分析[J]. 新疆石油地质，29(3)：283-289.

陆敬安，伍忠良，关晓春，等. 2004. 成像测井中的裂缝自动识别方法[J]. 测井技术，(2)：115-117+179.

潘保芝，薛林福，李舟波. 2003. 裂缝性火成岩储层测井评价方法与应用[M]. 北京：石油工业山版社.

秦建中. 2005. 中国烃源岩[M]. 北京：科学出版社.

秦启荣，苏培东，吴明军，等. 2008. 准噶尔盆地西北缘九区火山岩储层裂缝预测[J]. 天然气工业，28(5)：24-27.

屈洋. 2015. 徐深气田中基性火山岩储层孔隙结构及渗流特征[J]. 长江大学学报(自科版)，12(7)：7-11+3.

阮宝涛，张菊红，王志文，等. 2011. 影响火山岩裂缝发育因素分析[J]. 天然气地球科学，22(2)：287-292.

史基安，邹妞妞，鲁新川，等. 2013. 准噶尔盆地西北缘二叠系云质碎屑岩地球化学特征及成因机理研究[J]. 沉积学报，31(5)：898-906.

隋风贵. 2013. 准噶尔盆地西北缘中国石化探区勘探突破实践[J]. 新疆石油地质，34(2)：129-132.

谭开俊，张帆，吴晓智，等. 2008. 准噶尔盆地西北缘盆山耦合与油气成藏[J]. 天然气工业，28(5)：10-13.

田金强，邹华耀，徐长贵，等. 2011. ETR在严重生物降解油油源对比中的应用——以辽东湾地区JX1-1油田为例[J]. 石油与天然气学报，33(7)：19-23，36.

王大锐，张映红. 2001. 渤海湾油气区火成岩外变质带储集层中碳酸盐胶结物成因研究及意义[J]. 石油勘探与开发，28(2)：40-42+109-110+118-119.

王光奇，岳云福，漆家福，等. 2002. 黄骅坳陷白唐马地区下第三系深层碎屑岩储层裂缝分析[J]. 中国海上油气地质，16(6)：21-25.

王国林，王刚，朱爱国. 1989. 准噶尔盆地玛湖凹陷区数学模拟资源评价[J]. 新疆石油地质，(3)：100-112.

王国芝，刘树根. 2009. 海相碳酸盐岩区油气保存条件的古流体地球化学评价——以四川盆地中部下组合为例[J]. 成都理工大学学报(自然科学版)，36(6)：631-644.

王仁冲，徐怀民，邵雨，等. 2008. 准噶尔盆地陆东地区石炭系火山岩储层特征[J]. 石油学报，29(3)：350-355.

王圣柱，张奎华，金强. 2014. 准噶尔盆地哈拉阿特山地区原油成因类型及风城组烃源岩的发现意义[J]. 天然气地球科学，25(4)：595-602.

王绪龙，唐勇，陈中红，等. 2013. 新疆北部石炭纪岩相古地理[J]. 沉积学报，31(4)：571-579.

王振奇，支东明，张昌民，等. 2008. 准噶尔盆地西北缘车排子地区新近系沙湾组油源探讨[J]. 中国科学D辑：地球科学，(S2)：97-104.

沃特科里. 1981. 岩石力学性质手册[M]. 北京：水利出版社.

邬立言，顾信章，盛志伟. 1986. 生油岩热解快速定量评价[M]. 北京：石油工业出版社.

吴孔友. 2009. 准噶尔盆地乌-夏断裂油气成藏期次分析[J]. 石油天然气学报(江汉学院学报)，3(31)：18-23.

吴玉山. 1983. 应力路径对凝灰岩力学特性的影响[J]. 岩土工程学报，1(5)：112-120.

肖序常，汤耀庆，冯益民，等. 1992. 新疆北部及邻区大地构造[M]. 北京：地质出版社.

熊益学，郗爱华，冉启全，等. 2012. 火山岩原生储集空间成因及其四阶段演化——以准噶尔盆地滴西地区石炭系为例[J]. 中国地质，39(1)：146-155.

徐学义，李荣社，陈隽璐，等. 2014. 新疆北部古生代构造演化的几点认识[J]. 岩石学报，30(6)：1521-1534.

杨庚，王晓波，李本亮，等. 2011. 准噶尔西北缘斜向挤压构造与走滑断裂[J]. 地质科学，46(3)：696-708.

杨海波，陈磊，孔玉华. 2004. 准噶尔盆地构造单元划分新方案[J]. 新疆石油地质，26(6)：686-688.

袁海锋，刘勇，徐昉昊，等. 2014. 川中安平店-高石梯构造震旦系灯影组流体充注特征及油气成藏过程[J]. 岩石学报，30(3)：727-736.

曾联波，巩磊，祖克威，等. 2012. 柴达木盆地西部古近系储层裂缝有效性的影响因素[J]. 地质学报，86(11)：1809-1814.

张奎华，林会喜，张关龙，等. 2015. 哈山构造带火山岩储层发育特征及控制因素[J]. 中国石油大学学报(自然科学版)，39(2)：16-22.

张善文. 2013. 准噶尔盆地哈拉阿拉特山地区风城组烃源岩的发现及石油地质意义[J]. 石油与天然气地质，34

（2）：145-152.

张守谦，顾纯学，曹广华. 1997. 成像测井技术及应用[M]. 北京：石油工业出版社.

张秀莲. 1985. 碳酸盐岩中氧、碳稳定同位素与古盐度、古水温的关系[J]. 沉积学报，（4）：17-30.

张义杰，曹剑，胡文瑄，2010. 准噶尔盆地油气成藏期次确定与成藏组合划分[J]. 石油勘探与开发，37（3）：257-262.

张义杰. 2010. 准噶尔盆地断裂控油特征与油气成藏规律[M]. 北京：石油工业出版社.

赵白. 2004. 燕山、喜马拉雅构造运动在准噶尔盆地油气运聚中的作用[J]. 新疆石油地质，25（5）：468-470.

赵海玲，刘振文，李剑，等. 2004. 火成岩油气储层的岩石学特征及研究方向[J]. 石油与天然气地质，（6）：609-613.

赵宁，石强. 2012. 裂缝孔隙型火山岩储层特征及物性主控因素——以准噶尔盆地陆东-五彩湾地区石炭系火山岩为例[J]. 天然气工业，32（10）：14-23+108-109.

赵应成，周晓峰，王崇孝，等. 2005. 酒西盆地青西油田白垩系泥云岩裂缝油藏特征和裂缝形成的控制因素[J]. 天然气地球科学，16（1）：12-15.

郑有恒，黄海平，文志刚，等. 2004. 根据原油的含氮化合物判断东营凹陷大芦湖油田油气运移方向[J]. 天然气地球科学，15（6）：650-651.

周新桂，操成杰，袁嘉音. 2003. 储层构造裂缝定量预测与油气渗流规律研究现状和进展[J]. 地球科学进展，18（3）：398-404.

朱东亚，张殿伟，张荣强，等. 2015. 中国南方地区灯影组白云岩储层流体溶蚀改造机制[J]. 石油学报，36（10）：1188-1198.

朱世发，刘欣，朱筱敏，等. 2015. 准噶尔盆地克-百逆掩断裂带上下盘储层差异性及其形成机理[J]. 沉积学报，33（1）：194-201.

邹才能，陶士振，侯连华. 2011. 非常规油气地质非常规油气地质[M]. 北京：地质出版社.

邹才能，赵文智，贾承造，等. 2008. 中国沉积盆地火山岩油气藏形成与分布[J]. 石油勘探与开发，25（3）：257-271.

Banner Jay L. 2004. Radiogenic isotopics：systematics and applications to earth surface processes and chemical stratigraphy[J]. Earth- Science Reviews，65(3-4)：141-194.

Clark I D，Fritz P. 2000. Environmental Isotopes in Hydrogeology[M]. New York：Lewis Publishing House.

Craig H. 1966. Isotope composition and origin of the Red Sea and Slton Sea geo thermal brines[J]. Science，154（3756）：1544-1548.

Criss R E，Gregory R T，Taylor H P. 1987. Kinetic theory of oxygen isotope exchange between minerals and water[J]. Geochim Cosmochim Acta，51(5)：1099-1108.

Deines P. 1980. The isotopic composition of reduced organic carbon[A]// Fritz P，Fontes J C. Handbook of Environmental Isotope Geochemistry I，the Terrestrial Environment[M]. Amsterdam：Elsevier，329-345.

Dorbon M，Schmitter J M，Garrigues P，et al. 1984. Distribution of carbazole derivatives in petroleum[J]. Organic Geochemistry，7(2)：111-120.

Emery D，Robinson A. 1993. Inorganic geochemistry：application to petroleum geology[M]. London：Blackwell Scientific Publications.

Handin J，Hager R V J. 1958. Experimental deformation of sedimentary rocks under confining pressures：tests at high temperature[J]. AAPG Bulletin，42(12)：2892-2934.

Hao F，Zhou X H，Zhu Y M，et al. 2009. Mechanisms for oil depletion and enrichment on the Shijiutuo uplift，Bohai Bay basin，China[J]. AAPG Bulletin，93(8)：1015-1037.

Hoefs J. 1997. Stable isotope geochemistry[M]. Berlin：Springer.

Jensenius J，Buchardt B，Jørgensen N O，et al. 1988. Carbon and oxygen isotopic studies of the chalk reservoir in the Skjold oilfield，Danish North Sea：implications for diagenesis[J]. Chemical Geology：Isotope Geoscience Section，73(2)：97-107.

Jiang Z S, Fowler M G. 1986. Carotenoid-derived alkanes in oils from northwestern China[J]. Organic Geochemistry, 10(4-6): 831-839.

Koch P L, Zachos J C, Gingerich P D. 1992. Correlation between isotope records in marine and continental carbon reservoirs near the Palaeocene boundary[J]. Nature, 358(6384): 319-322.

Li M, Larter S R, Stoddart D, et al. 1995. Fractionation of pyrrolic nitrogen compounds in petroleum during migration: derivation of migration-related geochemical parameters[J]. Geological Society, London, Special Publications, 86(1): 103-123.

Morrow D. 1982. Diagenesis: Dolomite part I, the chemistry of dolomitization and dolomite p recipitation[J]. Geoscience Canada, 1(9): 5-13.

Ohm S E, Karlsen D A, Austin T J F. 2008. Geochemically driven exploration models in uplifted area: examples from the Norwegian Barents Sea[J]. AAPG Bulletin, 92(9): 1191-1223.

Othman R, Ward C R, Arouri K R. 2001. Oil generation by igneous intrusions in the northern Gunnedah basin, Australia[J]. Organic Geochemistry, 32(10): 1219-1232.

Palmer M R, Edmond J M. 1989. The strontium isotope budget of the modern ocean[J]. Earth Planet Science Letter, 92(1): 11-26.

Palmer M R, Elderfield H. 1985. Sr isotope composition of seawater over the past 75 Ma[J]. Nature, 314 (6011): 526-528.

Peters K E, Moldowan J M. 1993. The Biomarker Guide: Interpreting Molecular Fossils in Petroleum and Ancient Sediments[M]. New Jersey: Prentice Hall, 363-365.

Peters K E, Walters C C, Moldowan J M. 2005. The Biomarker Guide (2nd, Volume 2): Biomarkers and Isotopes in Petroleum Exploration and Earth History[M]. Cambridge: Cambridge University Press, 2-15.

Rohrman M. 2003. Hydrocarbon potential of volcanic basins: principles and rules of thumb, hydrocarbons in crystalline rocks[J]. Geol Soc Lon Spec Pub, 214: 7-33.

Rushdy O, Khaled R A, Colin R. 2002. Oil generation by igneous intrusions in the northern Gunnedah basin, Australia[J]. Organic Chemistry, 32(10): 1218-1230.

Schutter S R. 2003. Occurrences of hydrocarbons in and around igneous rocks[J]. Geo. l Soc. Lon. Spec. Pub. l, 214(1): 35-68.

Suchy Y, Heijlen W, Sykorova I. 2000. Geochemical study of calciteveins in the Silurian and Devonian of the Barrandian Basin (Czech Republic): evidence for widesp read post-Variscan fluid flow in the central part of the Bohemian Massif[J]. Sedimentary Geology, 13(3-4): 201-219.

Taylor H P J, Frechen J, Degens E T. 1976. Oxygen and carbon isotope studies of carbonatites from the Laacher See district, West Germany and the Alno district, Sweden[J]. Geochimica et Cosmochimica Acta, 31(3): 407-430.

Toyoda K, Horiuchi H, Tokonami M. 1994. Dupal anomaly ofBrazilian carbonatites: geochemical correlationswith hotspots in the South Atlantic and imp lications for the mantle source[J]. Earth and Planetary Science Letter, 126 (4): 315-331.

Veizer J, Buhl D, Diener A, et al. 1997. Strontium isotope stratigraphy: potential resolution and event correlation [J]. Palaeogeography, Palaeoclimatology, Palaeoecology, 132(1): 65-77.

Veizer J, Hoefs J. 1976. The nature of $^{18}O/^{16}O$ and $^{13}C/^{12}C$ secular trends in sedimentary carbonate rocks[J]. Geochimica et Cosmochimica Acta, 40(11): 1387-1395.

索　引